HITE 7.0 培养体系

HITE 7.0全称厚溥信息技术工程师培养体系第7版，是武汉厚溥企业集团推出的"厚溥信息技术工程师培养体系"，其宗旨是培养适合企业需求的IT工程师，该体系被国家工业和信息化部人才交流中心鉴定为国家级计算机人才评定体系，凡通过HITE课程学习成绩合格的学生将获得国家工业和信息化部颁发的"全国计算机专业人才证书"，该体系教材由清华大学出版社全面出版。

HITE 7.0是厚溥最新的职业教育课程体系，该职业体系旨在培养移动互联网开发工程师、智能应用开发工程师、企业信息化应用工程师、网络营销技术工程师等。它的独特之处在于每年都要根据技术的发展进行课程的更新。在确定HITE课程体系之前，厚溥技术中心专业研究员在IT领域和一些非IT公司中进行了广泛的行业调查，以了解他们在目前和将来的工作中会用到的数据库系统、前端开发工具和软件包等应用程序，每个产品系列均以培养符合企业需求的软件工程师为目标而设计。在设计之前，研究员对IT行业的岗位序列做了充分的调研，包括研究从业人员技术方向、项目经验和职业素质等方面的需求，通过对所面向学生的自身特点、行业需求的现状以及项目实施等方面的详细分析，结合厚溥对软件人才培养模式的认知，按照软件专业总体定位要求，进行软件专业产品课程体系设计。该体系集应用软件知识和多领域的实践项目于一体，着重培养学生的熟练度、规范性、集成和项目能力，从而达到预定的培养目标。整个体系基于ECDIO工程教育课程体系开发技术，可以全面提升学生的价值和学习体验。

一、移动互联网开发工程师

在移动终端市场竞争下，为赢得更多用户的青睐，许多移动互联网企业将目光瞄准在应用程序创新上。如何开发出用户喜欢，并能带来巨大利润的应用软件，成为企业思考的问题，然而这一切都需要移动互联网开发工程师来实现。移动互联网开发工程师成为求职市场的宠儿，不仅薪资待遇高，福利好，更有着广阔的发展前景，倍受企业重视。

移动互联网企业对Android和Java开发工程师需求如下：

已选条件：	Java(职位名)	Android(职位名)
共计职位：	共51014条职位	共18469条职位

1. 职业规划发展路线

Android				
★	★★	★★★	★★★★	★★★★★
初级Android开发工程师	Android开发工程师	高级Android开发工程师	Android开发经理	移动开发技术总监
Java				
★	★★	★★★	★★★★	★★★★★
初级Java开发工程师	Java开发工程师	高级Java开发工程师	Java开发经理	技术总监

2. 素质能力提升路径

1 大学生	2 大学生活	3 学习习惯	4 职业目标	5 沟通表达	6 自我管理
12 准职业人	11 职业路线	10 求职技能	9 就业意识	8 融入团队	7 形象礼仪

3. 专业技能提升路径

1 大学生	2 计算机基础	3 编程基础	4 软件工程	5 数据库	6 网站技术
12 准职业人	11 产品规划	10 项目技能	9 高级应用	8 APP开发	7 基础应用

4. 项目介绍

(1) 酒店点餐助手

(2) 音乐播放器

二、智能应用开发工程师

随着物联网技术的高速发展，我们生活的整个社会智能化程度将越来越高。在不久的将来，物联网技术必将引起我国社会信息的重大变革，与社会相关的各类应用将显著提升整个社会的信息化和智能化水平，进一步增强服务社会的能力，从而不断提升我国的综合竞争力。智能应用开发工程师未来将成为热门岗位。

智能应用企业每天对.NET开发工程师需求约15957个岗位(数据来自51job)：

已选条件：	.NET(职位名)
共计职位：	共15957条职位

1. 职业规划发展路线

★	★★	★★★	★★★★	★★★★★
初级.NET 开发工程师	.NET 开发工程师	高级.NET 开发工程师	.NET 开发经理	技术总监
★	★★	★★★	★★★★	★★★★★
初级 开发工程师	智能应用 开发工程师	高级 开发工程师	开发经理	技术总监

2. 素质能力提升路径

1 大学生	2 大学生活	3 学习习惯	4 职业目标	5 沟通表达	6 自我管理
12 准职业人	11 职业路线	10 求职技能	9 就业意识	8 融入团队	7 形象礼仪

3. 专业技能提升路径

1 大学生	2 计算机基础	3 编程基础	4 软件工程	5 数据库	6 网站技术
12 准职业人	11 产品规划	10 项目技能	9 高级应用	8 智能开发	7 基础应用

4. 项目介绍

(1) 酒店管理系统

(2) 学生在线学习系统

三、企业信息化应用工程师

当前，世界各国信息化快速发展，信息技术的应用促进了全球资源的优化配置和发展模式创新，互联网对政治、经济、社会和文化的影响更加深刻，围绕信息获取、利用和控制的国际竞争日趋激烈。企业信息化是经济信息化的重要组成部分。

IT企业每天对企业信息化应用工程师需求约11248个岗位（数据来自51job）：

已选条件：	ERP实施(职位名)
共计职位：	共11248条职位

1. 职业规划发展路线

初级实施工程师	实施工程师	高级实施工程师	实施总监
信息化专员	信息化主管	信息化经理	信息化总监

2. 素质能力提升路径

1 大学生	2 大学生活	3 学习习惯	4 职业目标	5 沟通表达	6 自我管理
12 准职业人	11 职业路线	10 求职技能	9 就业意识	8 融入团队	7 形象礼仪

3. 专业技能提升路径

1 大学生	2 计算机基础	3 编程基础	4 软件工程	5 数据库	6 网站技术
12 准职业人	11 产品规划	10 项目技能	9 高级应用	8 实施技能	7 基础应用

4. 项目介绍

(1) 金蝶K3

(2) 用友U8

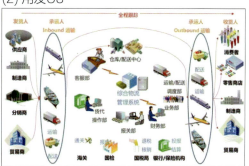

四、网络营销技术工程师

在信息网络时代，网络技术的发展和应用改变了信息的分配和接收方式，改变了人们生活、工作、学习、合作和交流的环境，企业也必须积极利用新技术变革企业经营理念、经营组织、经营方式和经营方法，搭上技术发展的快车，促进企业飞速发展。网络营销是适应网络技术发展与信息网络时代社会变革的新生事物，必将成为跨世纪的营销策略。

互联网企业每天对网络营销工程师需求约47956个岗位(数据来自51job)：

已选条件：	网络推广SEO(职位名)
共计职位：	共47956条职位

1. 职业规划发展路线

网络推广专员	网络推广主管	网络推广经理	网络推广总监
网络运营专员	网络运营主管	网络运营经理	网络运营总监

2. 素质能力提升路径

1 大学生	2 大学生活	3 学习习惯	4 职业目标	5 沟通表达	6 自我管理
12 准职业人	11 职业路线	10 求职技能	9 就业意识	8 融入团队	7 形象礼仪

3. 专业技能提升路径

1 大学生	2 计算机基础	3 编程基础	4 网站建设	5 数据库	6 网站技术
12 准职业人	11 产品规划	10 项目实战	9 电商运营	8 网络推广	7 网站SEO

4. 项目介绍

(1) 品牌手表营销网站

(2) 影院销售网站

HITE 7.0 软件开发与应用工程师

HTML5+CSS3
网页设计与制作教程

柳州职业技术大学
武汉厚溥数字科技有限公司　主编

清华大学出版社
北　京

内 容 简 介

本书列选广西壮族自治区第二批"十四五"职业教育规划教材培育项目，符合高职计算机类课程的基本教学要求。本书内容安排合理，结构清晰，用通俗易懂的语言讲解复杂的概念，旨在帮助读者轻松理解HTML5 和 CSS3 的核心知识。此外，本书采用工单与工作手册相结合的形式组织内容，强调计算机编程类课程的实践性特点。书中共有八个精心设计的教学项目：初识 HTML5 及开发工具、制作首页 logo、设计注册页面、名优特产模块的美化、文学艺术模块的布局、名胜古迹模块的展示、传统工艺模块的动画设置、文旅网站的制作与整合。教学项目中涵盖了开发工具、HTML 基本标签、HTML5 新增标签、HTML5 新增表单输入类型、CSS 的语法结构、应用 CSS 进行布局和美化的方法、盒模型、动画设置等多个知识点。

本书可作为高职本科和高职专科院校计算机相关课程的教材，也可作为广大程序设计人员提升技能的参考资料。无论是初学者还是有一定经验的开发者，都能在本书中有所收获。

本书封面贴有清华大学出版社防伪标签，无标签者不得销售。
版权所有，侵权必究。举报：010-62782989，beiqinquan@tup.tsinghua.edu.cn。

图书在版编目（CIP）数据

HTML5+CSS3 网页设计与制作教程 ／ 柳州职业技术大学，武汉厚溥数字科技有限公司主编. -- 北京：清华大学出版社，2025. 2. -- (HITE 7.0 软件开发与应用工程师).
ISBN 978-7-302-67929-5

Ⅰ．TP312.8；TP393.092.2

中国国家版本馆 CIP 数据核字第 2025PB6542 号

责任编辑：刘金喜
封面设计：王　晨
版式设计：恒复文化
责任校对：马遥遥
责任印制：刘　菲

出版发行：清华大学出版社
网　　址：https://www.tup.com.cn, https://www.wqxuetang.com
地　　址：北京清华大学学研大厦 A 座　　　邮　　编：100084
社 总 机：010-83470000　　　　　　　　　邮　　购：010-62786544
投稿与读者服务：010-62776969, c-service@tup.tsinghua.edu.cn
质 量 反 馈：010-62772015, zhiliang@tup.tsinghua.edu.cn
印 装 者：小森印刷霸州有限公司
经　　销：全国新华书店
开　　本：185mm×260mm　　印　张：18.75　　彩　插：2　　字　数：433 千字
版　　次：2025 年 2 月第 1 版　　印　次：2025 年 2 月第 1 次印刷
定　　价：68.00 元

产品编号：106485-01

编委会

主　编：

余　剑　　覃宝珍　　阳明霞

副主编：

李　闯　　祝小玲　　詹谨恒　　曾永添

委　员：

肖崇霞　　张　衡　　韩颜聪　　韦茜娌　　韦喆源
罗宇翔　　王宇翾　　吴婷婷　　刘胜建　　刘舒桐

主　审：

蒋文胜

前言

在当今数字化时代,网页已经成为人们与世界连接的窗口,它无处不在,并发挥着重要的作用。若要理解和掌握网页的构建和设计,HTML(超文本标记语言)和 CSS(层叠样式表)则是必须掌握的基础知识。本书重点介绍了 HTML5 和 CSS3 的核心概念和应用方法。通过深入学习,读者将学会如何使用 HTML5 创建网页的结构和内容,并通过 CSS3 为其添加样式和布局,从而能够自如地设计网页的外观和功能,使其具有吸引力和易用性。

本书以简洁明了的方式呈现知识点,从 HTML 的基本标签开始,逐步介绍 HTML5 中各种元素和属性的使用方法,以及通过 CSS 的样式规则和选择器进行页面布局和美化的方法。无论是初学者还是具有一定经验的开发者,都能在本书中有所收获。

本书列选广西壮族自治区第二批"十四五"职业教育规划教材培育项目,采用工单和工作手册相结合的形式组织内容,适合作为现场工程师人才的培养用书。本书坚持正确的政治方向和价值导向,全面落实课程思政要求,推进习近平新时代中国特色社会主义思想进教材进课堂进头脑,培育和践行社会主义核心价值观,加强中华优秀传统文化教育,强调"以学生为中心"的教学理念,遵循职业教育教学规律和人才成长规律,以工单任务为载体,注重理论与实践相结合,建立完善的教学评估体系,符合课堂、网络自主学习等学习方式要求。

本书由政、行、企、校等领域的专家共同编写完成。在编写本书之前,编者做了充分的调研,涉及 IT 行业的岗位序列,以及对从业人员技术方向、项目经验和职业素质的要求等,根据学生的学习特点和行业需求现状,结合学校对软件人才培养模式的认知,按照软件技术专业总体定位要求进行课程体系设计,着重培养学生的技能熟练度、规范意识和项目执行能力,从而达到预定的培养目标。

书中共有八个精心设计的教学项目:初识 HTML5 及开发工具、制作首页 logo、设计注册页面、名优特产模块的美化、文学艺术模块的布局、名胜古迹模块的展示、传统工艺模块的动画设置、文旅网站的制作与整合。教学项目中涵盖了开发工具、HTML 基本标签、HTML5 新增标签、HTML5 新增表单输入类型、CSS 的语法结构、应用 CSS 进行布局和美化的方法、盒模型、动画设置等多个知识点。

编者对本书的编写体系做了精心的设计,按照"工单任务—工作手册—上机实战—单元自测—单元小结—完成工单—工单评价"这一思路进行内容编排。"工单任务"部分主要以工单的形式给读者下发任务，使其在学习本项目之前明确学习任务和目标；"工作手册"部分是对工单涉及的知识点进行介绍；"上机实战"部分通过案例对知识点进行说明和深化，帮助读者快速掌握知识的实际应用方法；"单元自测"部分提供了一系列与本项目知识点有关的练习题，旨在帮助读者巩固所学知识并检验学习效果；"单元小结"部分对本项目的重点内容进行了概括，帮助读者回顾和梳理本项目的主要知识点和操作技巧，为进一步学习打下良好基础；"完成工单"部分是本书编写体系中的核心，读者需要应用所学知识进行实际操作，逐步完成特定的任务，从而深入理解本项目的内容，并通过实践提升自己的技能水平；"工单评价"部分是对读者完成工单过程的综合评价。本书在内容编写方面，力求细致全面；在文字叙述方面，言简意赅、重点突出；在案例选取方面，强调针对性和实用性。

本书由柳州职业技术大学和武汉厚溥数字科技有限公司主编，由余剑教授等高职院校名师，詹谨恒、黄秀明等企业专家编写，由职业教育专家蒋文胜教授审核。本书编者长期从事项目开发和教学，对当前高职本科和高职专科的教学情况非常熟悉，在编写过程中充分考虑不同学生的特点和需求，加强了项目实战方面的介绍。本书编写过程中得到了柳州职业技术大学和武汉厚溥数字科技有限公司的大力支持，在此表示衷心的感谢。

由于编者水平有限，书中难免存在欠妥和疏漏之处，敬请广大读者批评指正。

本书教学资源可通过扫描下方二维码下载。

教学资源

服务邮箱：476371891@qq.com，wkservice@vip.163.com。

编　者
2024 年 9 月

目 录

项目一 初识 HTML5 及开发工具 ·········· 1
 工单任务 ········· 2
 工作手册 ········· 5
 1.1 HTML5 概述 ········· 5
  1.1.1 HTML5 的发展历程 ········· 5
  1.1.2 HTML5 的新特性 ········· 6
  1.1.3 HTML5 的开发组织 ········· 7
 1.2 第一个入门网页 ········· 7
  1.2.1 头部<head>…</head> ········· 8
  1.2.2 标题<title>…</title> ········· 8
  1.2.3 元标签<meta> ········· 9
  1.2.4 入门网页 ········· 9
 1.3 开发工具 ········· 10
  1.3.1 记事本 ········· 10
  1.3.2 EditPlus ········· 11
  1.3.3 VS Code ········· 11
  1.3.4 Adobe Dreamweaver ········· 13
  1.3.5 HBuilderX ········· 13
 上机实战 ········· 18
 单元自测 ········· 19
 单元小结 ········· 19
 完成工单 ········· 19
 工单评价 ········· 22

项目二 制作首页 logo ·········· 23
 工单任务 ········· 24
 工作手册 ········· 26

 2.1 HTML 基本标签 ········· 26
  2.1.1 标题标签 ········· 26
  2.1.2 段落标签 ········· 26
  2.1.3 换行标签 ········· 27
  2.1.4 预排版标签 ········· 28
  2.1.5 文本格式化标签 ········· 29
  2.1.6 列表 ········· 30
  2.1.7 文本字体标签 ········· 34
  2.1.8 插入图片标签 ········· 35
  2.1.9 插入特殊符号 ········· 36
  2.1.10 插入横线 ········· 37
  2.1.11 添加多媒体元素 ········· 38
 2.2 HTML5 新增标签 ········· 39
  2.2.1 <article>标签 ········· 39
  2.2.2 <audio>标签 ········· 40
  2.2.3 <canvas>标签 ········· 41
  2.2.4 <time>标签 ········· 42
  2.2.5 <video>标签 ········· 43
 上机实战 ········· 44
 单元自测 ········· 45
 单元小结 ········· 46
 完成工单 ········· 46
 工单评价 ········· 48

项目三 设计注册页面 ·········· 49
 工单任务 ········· 50
 工作手册 ········· 52

3.1 表格的应用 ………………………… 52
3.2 表单的应用 ………………………… 58
3.3 在表单中添加控件 ………………… 59
 3.3.1 输入类控件 …………………… 59
 3.3.2 菜单列表类控件 ……………… 65
 3.3.3 文本域 ………………………… 66
3.4 HTML5 新增表单输入类型 ……… 67
 3.4.1 email 类型 …………………… 67
 3.4.2 number 类型 ………………… 68
 3.4.3 range 类型 …………………… 69
 3.4.4 search 类型 …………………… 70
 3.4.5 url 类型 ……………………… 70
上机实战 …………………………………… 71
单元自测 …………………………………… 77
单元小结 …………………………………… 78
完成工单 …………………………………… 78
工单评价 …………………………………… 80

项目四 名优特产模块的美化 ……… 81
工单任务 …………………………………… 82
工作手册 …………………………………… 85
4.1 初步认识 CSS ……………………… 85
 4.1.1 什么是 CSS …………………… 85
 4.1.2 CSS 发展简史 ………………… 85
 4.1.3 CSS 基本语法 ………………… 86
4.2 CSS 语法结构分析 ………………… 86
 4.2.1 CSS 属性 ……………………… 86
 4.2.2 CSS 选择器 …………………… 87
4.3 CSS 美化页面 ……………………… 96
 4.3.1 美化网页文字 ………………… 96
 4.3.2 美化网页按钮 ………………… 98
 4.3.3 美化网页图片 ………………… 101
 4.3.4 美化网页背景 ………………… 102
 4.3.5 美化网页边框 ………………… 103
 4.3.6 美化网页表格 ………………… 104
 4.3.7 美化网页表单 ………………… 105
 4.3.8 美化网页导航栏 ……………… 106
 4.3.9 美化下拉菜单 ………………… 107

 4.3.10 CSS Sprite 技术 …………… 109
4.4 CSS 样式的使用方式 ……………… 111
 4.4.1 行内样式表 …………………… 111
 4.4.2 内部样式表 …………………… 112
 4.4.3 外部样式表 …………………… 112
上机实战 …………………………………… 115
单元自测 …………………………………… 116
单元小结 …………………………………… 117
完成工单 …………………………………… 118
工单评价 …………………………………… 124

项目五 文学艺术模块的布局 ……… 125
工单任务 …………………………………… 126
工作手册 …………………………………… 128
5.1 应用 CSS 布局网页 ……………… 128
 5.1.1 一列固定宽度及高度 ………… 128
 5.1.2 一列自适应宽度 ……………… 129
 5.1.3 一列固定宽度居中 …………… 130
 5.1.4 设置列数 ……………………… 131
 5.1.5 设置列间距 …………………… 132
 5.1.6 设置列之间的规则 …………… 132
5.2 HTML 列表的应用 ………………… 133
 5.2.1 ul 无序列表和 ol 有序
    列表 …………………………… 133
 5.2.2 改变项目符号样式 …………… 135
 5.2.3 横向图文列表 ………………… 137
 5.2.4 浮动后父容器高度自
    适应 …………………………… 139
5.3 超链接伪类的应用 ………………… 139
 5.3.1 超链接的 4 种样式 …………… 139
 5.3.2 将链接转换为块级元素 ……… 141
 5.3.3 制作按钮 ……………………… 142
 5.3.4 首字下沉 ……………………… 143
上机实战 …………………………………… 144
单元自测 …………………………………… 148
单元小结 …………………………………… 149
完成工单 …………………………………… 149
工单评价 …………………………………… 156

项目六　名胜古迹模块的展示 157
工单任务 158
工作手册 160
6.1 理解表现和结构分离 160
6.1.1 什么是内容、结构、表现 160
6.1.2 DIV 与 CSS 结合的优势 162
6.1.3 怎么改善现有的网站 163
6.2 DIV 概述 166
6.2.1 DIV 是什么 166
6.2.2 如何使用 DIV 166
6.2.3 理解 DIV 167
6.2.4 并列与嵌套 DIV 结构 168
6.2.5 使用合适的对象来布局 169
6.3 盒模型详解 170
6.3.1 什么是盒模型 170
6.3.2 盒模型的细节 170
6.3.3 上下 margin 叠加问题 172
6.3.4 左右 margin 加倍问题 173
6.4 完善盒模型 174
6.4.1 边框显示方式定义 174
6.4.2 溢出处理 176
6.4.3 轮廓样式定义 178
6.5 浮动与定位 179
6.5.1 文档流 179
6.5.2 浮动 180
6.5.3 浮动的清理 182
6.5.4 如何使用浮动进行布局 183
6.5.5 定位 185
上机实战 188
单元自测 192
单元小结 194
完成工单 194
工单评价 200

项目七　传统工艺模块的动画设置 201
工单任务 202
工作手册 205

7.1 过渡效果 205
7.1.1 transition-property 属性 205
7.1.2 transition-duration 属性 207
7.1.3 transition-timing-function 属性 208
7.1.4 transition-delay 属性 209
7.1.5 transition 属性 209
7.2 变形效果 210
7.2.1 2D 变形 210
7.2.2 3D 变形 216
7.3 动画效果 218
7.3.1 @keyframes 规则 218
7.3.2 animation-name 属性 219
7.3.3 animation-duration 属性 219
7.3.4 animation-timing-function 属性 220
7.3.5 animation-delay 属性 221
7.3.6 animation-iteration-count 属性 221
7.3.7 animation-direction 属性 222
7.3.8 animation 属性 223
上机实战 223
单元自测 226
单元小结 227
完成工单 227
工单评价 233

项目八　文旅网站的制作与整合 235
工单任务 236
工作手册 240
8.1 网站开发流程 240
8.1.1 结构分析 240
8.1.2 搭建框架 242
8.2 网站页面布局 246
8.2.1 头部 246
8.2.2 主体 253
8.2.3 底部及快捷操作部分 262
上机实战 263

单元自测 ································· 270   完成工单 ······································· 270
单元小结 ································· 270   工单评价 ······································· 288

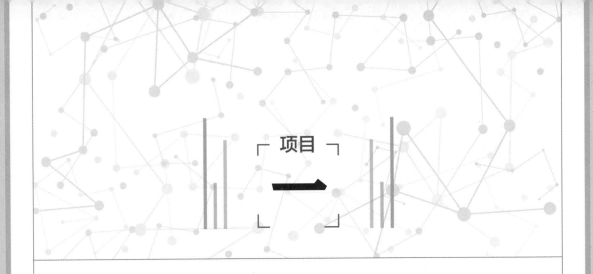

初识HTML5及开发工具

项目简介

- ❖ 本项目主要介绍 HTML5 的核心概念、开发工具的功能，以及实际创建 HTML5 网页的方法。
- ❖ 通过逐步引导，使学生了解 HTML5 的发展历程、掌握 HBuilderX 开发工具的操作方法。

工单任务

任务名称	PJ01. 独立创建一个 HTML 网页				
工号		姓名		日期	
设备配置		实训室		成绩	
工单任务	1. 掌握 HBuilderX 开发工具的使用方法。 2. 创建一个简单的 HTML5 网页。				
任务目标	1. 学习 HTML5 的基础知识，了解其在网页开发中的重要性。 2. 探索 HBuilderX 开发工具，学习如何安装和配置。 3. 通过实际操作创建一个简单的 HTML5 网页，加深对 HTML5 的理解。				

一、课程目标与素养发展

1. 技术目标

(1) 理解 HTML5 的基本概念、语法和结构。

(2) 熟悉 HBuilderX 开发工具的界面、功能和工作流程。

(3) 了解 HTML5 文档的基本结构，包括<!DOCTYPE>文档类型声明、<head>头部和<body>主体部分。

2. 素养目标

(1) 具备批判思维、创造力和系统分析能力。

(2) 激发学生对新技术学习和探索的热情，鼓励学生个人或团队结合专业做延伸性学习或研究。

(3) 提高网络安全意识，保护个人信息和权益

二、决策与计划

任务 1：了解 HTML5 的发展历程

【任务描述】

了解 HTML5 的定义、历史背景和核心特性，理解 HTML5 在现代 Web 开发中的重要性。

【任务分析】

(1) 认识到 HTML5 是一门标记语言，用于创建 Web 页面的结构和内容。

(2) 理解 HTML5 与之前 HTML 版本的关系，以及 HTML5 的标准化过程。

【任务完成示例】

任务2：掌握 HBuilderX 的使用方法

【任务描述】

学会使用 HBuilderX 开发工具，了解配置环境、创建项目和进行基本的开发操作的方法。

【任务分析】

掌握 HBuilderX 的主要特点，了解代码编辑、调试、版本控制等功能。

【任务完成示例】

任务3：创建一个 HTML5 网页

【任务描述】

创建一个 HTML5 网页，包括基本结构和内容。

【任务分析】

了解 HTML5 文档的基本结构，包括<!DOCTYPE>文档类型声明、<head>头部和<body>主体部分。

【任务完成示例】

```
<!DOCTYPE html>
<html>
    <head>
        <meta charset="UTF-8">
        <title>欢迎界面</title>
    </head>
    <body>
        Hello World！
    </body>
</html>
```

三、实施

1. 任务

内容	要求
了解 HTML5 的发展历程	1. 阅读提供的学习材料，了解 HTML5 的发展历程，包括其演进过程和主要版本。 2. 在笔记中记录关键的历史事件和标准化里程碑，以便后续课程讨论。 3. 参与小组讨论，说一说对 HTML5 发展历程的理解。
掌握 HBuilderX 的使用方法	1. 下载并安装 HBuilderX 开发工具，确保其能够在计算机上正常运行。 2. 了解 HBuilderX 的主要功能和界面布局。
创建一个 HTML5 网页	1. 创建一个新的 HTML5 项目，并为项目指定一个名称和保存路径。 2. 编写 HTML 代码，创建一个基本的网页结构，包括<!DOCTYPE>文档类型声明、<head>头部和<body>主体部分。 3. 尝试调试页面，查看开发者工具以检查代码和样式。 4. 提交一个截图，展示在 HBuilderX 中预览和调试的网页效果。

2. 注意事项

(1) 编辑器使用 HBuilderX 3.7 或以上版本。

(2) 功能实现完整，并且调试无误。

(3) 按编码规范进行编码。

工作手册

我们在网上冲浪时，会看到很多制作精美的网页，在羡慕的同时，你想亲手制作网页吗？你想让自己制作的网页功能更强大吗？

HTML(hypertext markup language，超文本标记语言)就是制作这些精美网页的基本语言。之所以称为超文本，是因为它可以加入图片、声音、动画、影视等内容。事实上，每一个 HTML 文档都是一个静态的网页文件，该文件中包含 HTML 指令代码，这些指令代码并不是一种程序语言，它只是一种编排网页中资料显示位置的结构标记语言，易学易懂，非常简单。HTML 的普遍应用带来了超文本的技术——通过单击链接从一个主题跳转到另一个主题，从一个页面跳转到另一个页面，从而调用世界各地主机中的文件。

HTML 是一种应用于网页文档(文件)的标记语言，用它编写的文件的扩展名是 html 或 htm，可以使用 IE 等浏览器将其打开。HTML 并没有严格的计算机语法结构，因此 HTML 语言其实只是一种标识符，即 HTML 文件是由 HTML 标记符号组成的代码集合。

HBuilderX 则是一款专业的网页编辑工具，利用它不仅可以设计网页、开发网站，还可以编辑 Web 应用程序。

1.1 HTML5 概述

1.1.1 HTML5 的发展历程

1. Internet 简介

世界各地的个人计算机、小型机、中型机、大型机和专用服务器连接在一起，形成无数个局域网。以此为基础，无数个局域网互相连接在一起，成为一个全球性的、统一的网络，这就是因特网(Internet)。

WWW(world wide web，万维网)简称为 3W 或 Web。它是一种用于在因特网上检索和浏览超媒体信息的信息查询工具。超媒体是超文本和多媒体在信息浏览环境下的结合，超媒体信息包括文本、声音、图像、动画、视频等。

WWW 服务器都安装了 TCP/IP 协议，服务器上的所有信息都用 HTML(超文本标记语言)来描述，其文档由文本、格式化代码，以及与其他文档的链接组成。其中，超媒体链接使用的是 URL(统一资源定位器)，URL 用来定位检索 WWW 中的信息资源。当用户在浏览器内输入网址后，经过 WWW 服务器计算，网页的内容会被传送到用户的计算机内，此时浏览器会将这些内容解析并呈现图文并茂的网页。URL 的第一部分一般为"http://"，表示超文本传输协议，它支持传输超媒体信息。URL 的第一部分也可以是 FTP、WAIS、Gopher、Telnet、BBS、News、E-mail、Whois 等协议。

在 WWW 中，用户可以立即把全球任何一个 WWW 服务器上的信息调取过来，浏览文本、图像、声音、动画等信息。WWW 采用交互式浏览和查询方式，用户操作简单，只要会使用鼠标即可进行浏览，甚至单击一下就可以把所需的软件、文本、图像、声音、动画、视频等信息下载到自己的计算机中。

正是由于有了万维网和超链接技术，我们才能轻击鼠标连接到全世界任何一台万维网主机，从而浏览和获取无穷无尽的信息资源。正因如此，Internet 才变得如此神奇。

2. HTML

20 世纪 60 年代，Ted Nelson 提出了一个极富创造性的构想：在全球建立一个信息网，在这个信息网上用户可以任意地选择其想要访问的信息资源，而不用关心这些信息的来源。由此，他提出了超文本的概念。超文本具有极强的交互能力，用户只需要单击文本中的字或词组，便可激发与其语意相关的新的信息流。超文本中的许多字或词都具有一个链接将其指向另一个文本，而后仍有链接指向下一个文本，因此凭借词义或语意的关系可进行任意浏览。

超文本构想的核心是通过链接各种信息资源来实现非线性的信息获取方式。超文本概念的提出为 HTML 的发展奠定了基础，促进了互联网的快速发展。

HTML 自 1993 年 6 月由因特网工程任务组(IETF)作为工作草案(该草案不是标准版)发布以来，又先后推出了 HTML2.0、HTML3.2、HTML4.0、HTML4.01 等多个版本，直到 2014 年 10 月 28 日 W3C(World Wide Web consortium，万维网联盟)发布了标准版本 HTML5。HTML5 增加了一些新的元素、特性和规则，使得网页可以实现更多交互和媒体展示功能。

1.1.2　HTML5 的新特性

HTML5 和以往版本相比，新增了一些有趣的特性，这些特性使 HTML 页面功能更加强大，页面内容更加丰富。

(1) 语义化标签：HTML5 引入了许多新的语义化标签，这些标签使得内容更易于理解、更容易被机器解析，如<article>、<section>、<nav>、<header>、<footer>等。这些新标签在后续章节会具体介绍。

(2) 多媒体支持：HTML5 通过<video>和<audio>标签直接支持视频和音频内容，无须依赖外部插件。

(3) 交互性增强：新的 API(application program interface，应用程序接口)，如地理定位 API、拖放 API 和 WebWorkers，为开发者提供了更多的交互性选项。

(4) 表单增强：新的表单输入类型、属性及验证 API，使得表单更易于处理。

(5) 离线应用：Application Cache(应用缓存)和 Web Storage API 允许开发者创建离线应用，即使用户的浏览器关闭或网络连接断开，这些应用也能继续运行。

1.1.3 HTML5 的开发组织

HTML5 的开发主要由下面三个组织负责实施。

(1) WHATWG。在 HTML4.01 版本发布后，HTML 标准的发展陷入了停滞状态。为了推动 Web 标准化的形成，一些公司联合起来成立了一个名为 Web Hypertext Application Technology Working Group(Web 超文本应用技术工作组，WHATWG)的组织，该组织致力于 Web 表单和 App 的开发，同时与各浏览器厂商及其他有意向的组织进行开放式合作。

(2) W3C。W3C 于 1994 年 10 月在麻省理工学院计算机科学实验室成立，是 Web 技术领域最具权威和影响力的国际中立性技术标准机构，对互联网技术的发展和应用起到了基础性和根本性的支撑作用，主要负责发布 HTML5 规范。

(3) IETF。IETF 是一个负责开发 Internet 协议的团队，HTML5 定义的一种新 API(WebSocket API)所依赖的 WebSocket 协议，就是由该组织负责开发的。

1.2 第一个入门网页

HTML 文档用于在支持超文本传输协议(HTTP)的浏览器中显示内容。虽然许多现代浏览器都采用了图形用户界面(GUI)，但 HTML 文档的基本结构并不直接对应 GUI 视窗的标题栏和窗口体。HTML 文档的结构包括"头部"和"主体"两大部分。HTML 文档的"头部"(<head>标签内)通常包含文档的元数据，如标题、字符编码、样式表和脚本链接等；"主体"(<body>标签内)则包含了实际要在浏览器中显示的内容。这种结构使得 HTML 文档能够清晰地组织信息，并允许浏览器以一致和可预测的方式渲染这些内容。

对于刚刚接触超文本的人来说，感到比较陌生的就是一些用"<>"括起来的句子。它们称为标签，用于分隔和标识文本的元素，以形成文本的布局、格式及五彩缤纷的画面。标签通过指定某块信息为段落或标题等来标识文档的某个部件，属性是标签中的参数的选项。HTML 的标签分为成对标签和单独标签两种：成对标签由首标签<标签名>和尾标签</标签名>组成，成对标签只作用于这对标签中的文档；单独标签的格式为<标签名>，单独标签在相应的位置插入元素即可。

大多数标签都有自己的属性，属性要写在首标签内，用于进一步改变显示的效果。各属性之间无先后次序，属性是可选的，也可以采用默认值。属性的格式如下所示。

<标签名 属性1=属性值1 属性2=属性值2 …>

标签、属性不区分大小写。

人们把 HTML 的各种标记符放在"<>"内，如<html>，表示该文档为 HTML 文档；<html>需要一个结束标签，即</html>，代表该 HTML 文档的结束。在<html>和</html>之间再放入各种标签，如<head>标签、<body>标签等，这样就组成了网页。

1.2.1 头部\<head>…\</head>

在英文中，head 意为"头"。在 HTML 中，也用 head 来表示文档的头部，即\<head>…\</head>。

\<head>标签对中可以包含文档的标题、文档使用的脚本、样式定义和文档名信息。浏览器希望从头部找到文档的补充信息。此外，\<head>标签对中还可以包含搜索工具和索引程序所需的其他信息的标识。头部位于\<html>和\</html>之间。

例如：

```
<html>
<head>
</head>
</html>
```

注意：
标签对是一层一层嵌套的，各个标签对不能交叉放置。对于标准的 HTML 来说，最外面一层是\<html>和\</html>标签对，其他标签对应放在它们之间。

1.2.2 标题\<title>…\</title>

浏览器窗口最上边显示的文本信息一般是网页的"主题"。它通常会对当前网页做一个整体描述，说明当前网页的主要内容。眼睛是心灵的窗户，对于一个网页来说，它的眼睛就是网页标题(见图 1-1)，它显示在网页标题栏上。

图 1-1　网页标题

在\<title>标签对内放入想要看到的文字，就能随意修改标题栏的内容了。例如，打开记事本，写入下面的代码，将其另存为 hello.html，然后双击这个网页文件，即可看到标题栏上显示的正是刚刚写在\<title>标签对中的内容，如图 1-2 所示。

```
<html>
<head>
    <title>你好啊</title>
</head>
</html>
```

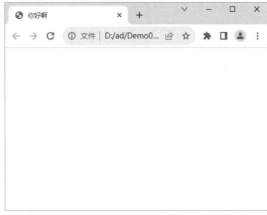

图 1-2 标题栏效果图

1.2.3 元标签<meta>

在<head>标签对内还可以嵌套另一个重要的标签<meta>(即 META 标签或元标签)。<meta>标签用来描述 HTML 网页文档的属性,如作者、日期和时间、网页描述、关键词、页面刷新等。例如,有一行代码如下所示。

```
<meta http-equiv="Content-Type" content="text/html; charset=gb2312">
```

此行代码的作用是指定当前文档所使用的字符编码为 gb2312,即中文简体字符。浏览器会据此来调用相应的字符集显示网页内容。类似地,如果将 gb2312 替换为 big5,那么网页就会以中文繁体的格式解释代码并显示。

上述代码中的 http-equiv 相当于 http 文件的头,用于向浏览器提供一些说明信息,浏览器会根据这些说明信息做出相应处理。例如,设置页面刷新的代码如下。

```
<meta http-equiv="refresh" content="60">
```

该网页每 60 秒就会自动刷新一次。

若设置页面在一分钟后跳转到搜狐网,则代码如下。

```
<meta http-equiv="refresh" content="60;url=http://www.sohu.com">
```

1.2.4 入门网页

接下来,尝试编写一个 HTML 文件,将在页面中显示"世界,您好!!!",标题为"hello world",并且 10 秒后可以跳转到百度主页。

代码如下。

```
<html><head>
<meta charset="UTF-8" http-equiv="refresh" content="10;url=http://www.baidu.com">
<title>hello world</title>
</head>
<body>
    世界,您好!!!
</body>
</html>
```

打开记事本，写入上面的代码，另存为 hello_world.html 文档，然后通过 Chrome 浏览器打开该网页文件，即可看到标题栏上显示的正是<title>标签对中的内容，网页中显示的是"世界，您好！！！"，如图1-3所示。

10秒钟后，页面跳转到了百度主页，如图1-4所示。

图1-3　网页标题和内容

图1-4　跳转到百度主页

注意：实现跳转前必须连接网络，否则会提示无法访问此网站，如图1-5所示。

图1-5　网络未连接跳转主页

1.3　开发工具

1.3.1　记事本

记事本是Windows操作系统自带的对文字进行记录和存储的工具，自从1985年发布的Windows 1.0开始，所有的微软系统都会内置此工具，便于人们在生活、工作或学习中使用。记事本用于处理纯文本文件，而许多源文件都是以纯文本形式存储的，因此记事本已成为目前使用频率最高的源代码编辑器。记事本具备最基本的文本编辑功能，体积较小、启动速度较快、占用内存少、非常容易使用，一般将其作为最基本的文本编辑工具。但是，记事本不具备编译功能，仍需要通过其他外部程序来处理。

在Windows操作系统中，执行"开始"|"所有程序"|"附件"|"记事本"命令，即可打开记事本进行一系列的编辑工作了。

1.3.2 EditPlus

EditPlus是由韩国Sangil Kim公司开发的一款可处理文本、HTML和程序语言的功能强大的编辑器，主要具备以下优势。

(1) 默认支持HTML、CSS、C/C++、Java等语法的高亮显示。

(2) 提供了与Internet的无缝连接，用户可以在EditPlus的工作区域中打开Internet浏览器窗口。

(3) 提供了多个工作窗口，可同时打开多个文档进行操作。

(4) 可通过配置直接对Java程序进行编译。

Editplus是一款非常适合初学者学习HTML文件编辑的编辑器，该编辑器的界面如图1-6所示。

在Editplus中，执行"文件"|"新建"|"HTML网页"命令，则会弹出如图1-7所示的窗口，可在其中进行HTML文件的编辑工作。

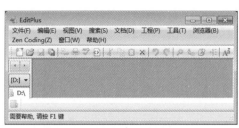
图1-6 EditPlus编辑器界面

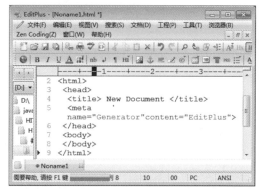
图1-7 使用EditPlus新建HTML网页视图

新建的HTML文件已经包含了所需的头信息、标题信息，以及<body>，减少了用户的编辑工作。

1.3.3 VS Code

VS Code(Visual Studio Code)是一款由微软倾力打造的跨平台代码编辑器，它不仅在Windows、macOS和Linux等操作系统上运行流畅，更以其轻量级且功能强大的独特魅力，深受开发者社区的喜爱与推崇。VS Code的出色易用性体现在其直观的用户界面和便捷的操作方式上，使得开发者能够迅速上手并高效地进行代码编写与调试。

与此同时，VS Code 还拥有一个丰富多样的扩展生态，涵盖了各种实用的开发工具、语言支持、代码片段、主题等，极大地丰富了编辑器的功能，满足了不同开发者的个性化需求。无论是前端、后端，还是全栈开发，VS Code 都能提供全面的支持。

更值得一提的是，VS Code 对多种编程语言提供了原生支持，包括 JavaScript、TypeScript、Python、C++等，这意味着开发者无须安装额外的插件或工具，即可在 VS Code 中畅享编写、调试和运行代码的便捷体验。VS Code 主界面如图 1-8 所示。

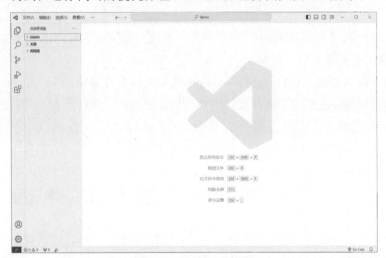

图 1-8　VS Code 主界面

VS Code 的主界面共分为三大区域，如图 1-9 所示。

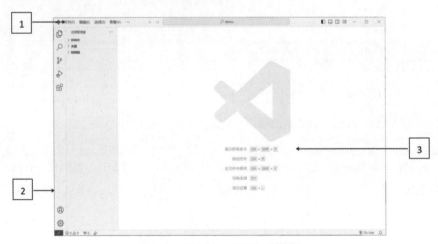

图 1-9　VS Code 主界面区域划分

（1）菜单栏：集成了所有的文件命令操作和窗口设置操作。一些面板上的常用命令也可以通过菜单栏找到并执行，如启动调试窗口、编辑窗口等。

（2）侧边栏：包含不同的面板视图，每个面板是一个完整的功能，由活动栏触发显示或隐藏。侧边栏中的主要功能面板如下。

① 资源管理器：用于浏览、打开和管理项目中的所有文件和文件夹。

② 跨文件搜索：在项目中提供全局搜索和替换功能。
③ 源代码管理：Git 仓库的管理操作。
④ 扩展：用于搜索、安装和管理 VS Code 的扩展插件。
⑤ 编辑区：是进行代码编辑的主要区域。

1.3.4 Adobe Dreamweaver

Adobe Dreamweaver 是一款专业的 HTML 编辑器，用于设计、编码，开发网站、网页和 Web 应用程序。

利用 Dreamweaver 中的可视化编辑功能，可以快速地创建页面而无须编写任何代码；可以查看所有站点元素或资源并将它们从易于使用的面板上直接拖曳到文档中；可以在 Fireworks 或其他图形应用程序中创建和编辑图像，然后将它们直接导入 Dreamweaver，或者添加 Flash 对象，从而优化开发工作流程。

Dreamweaver 还提供了功能全面的编码环境，其中包括代码编辑工具(如代码颜色和标签完成等)，有关 HTML、CSS、JavaScript、CFML、ASP 和 JSP 的参考资料，以及 JavaScript 代码的智能提示。

Dreamweaver 的可自由导入导出 HTML 技术可导入手工编码的 HTML 文档，而不会重新设置代码的格式，用户随后可以用首选的格式设置样式来重新设置代码的格式。

Dreamweaver 还可以使用服务器技术(如 CFML、ASP.NET、ASP、JSP 和 PHP)生成由动态数据库驱动的 Web 应用程序。

Dreamweaver 可以完全自定义。用户可以创建对象和命令、修改快捷键，甚至编写 JavaScript 代码，也可以用新的行为、属性检查器和站点报告来扩展 Dreamweaver 的功能。

总之，Dreamweaver 几乎可以满足用户对网页编辑及站点管理所需的各种功能，是一款非常专业的网页制作工具。

1.3.5 HBuilderX

HBuilderX 是由国内最大的无线中间件厂商、移动办公解决方案供应商、国内最主要的无线城市解决方案供应商 Dcloud(数字天堂)专为前端打造的开发工具。HBuilderX 具有最全的语法库和浏览器兼容数据，能够非常方便地制作手机 App；专门添加了保护眼睛的绿柔设计，这是其他软件尚不具备的；支持 HTML、CSS、JavaScript、PHP 的快速开发，深受广大前端开发者的喜爱。

HBuilderX 的最大优势就是"快"，它通过完整的语法提示和代码输入法、代码块等，大幅提升了 HTML、JavaScript、CSS 的开发效率。

1. 界面功能

双击 HBuilderX 图标，选择"暂不登录"，即可进入 HBuilderX 主界面，如图 1-10 所示。

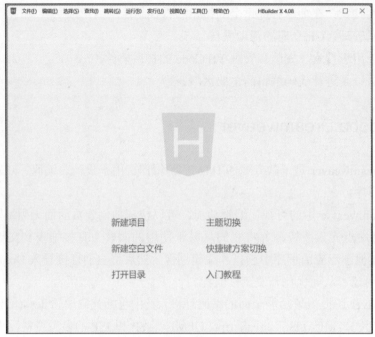

图 1-10 HBuilderX 主界面

HBuilderX 的主界面共分为三大区域，如图 1-11 所示。

(1) 菜单栏：主要提供了一系列的菜单供用户创建文件以及更好地编辑、使用文件。

(2) 项目管理区域：用户可以在该区域管理自己创建的项目，进行项目新建、删除等操作。

(3) 项目编辑区域：该区域主要用于进行项目的编辑工作。

图 1-11 HBuilderX 主界面区域划分

在 HBuilderX 编辑器中，使用频率最高的就是"文件"菜单，如图 1-12 所示。"文件"菜单主要用于创建文件或工程项目、导入导出文件工程、查看文件的位置，以及进行一些保存和退出等操作。

图 1-12　文件菜单

2. 浏览器配置

在编辑 HTML 文件时，如果不想频繁地打开浏览器去浏览效果，则可以在 HBuilderX 中进行浏览器配置。

下面以 Chrome 浏览器为例介绍浏览器配置步骤。

(1) 执行"运行"|"运行到浏览器"命令，选择"Chrome"，如图 1-13 所示。

图 1-13　选择浏览器

(2) 此时，系统会弹出如图 1-14 所示的对话框。

图 1-14　未检测到浏览器

(3) 单击"确认"按钮，HBuilderX 将会自动跳转到运行配置界面，在"Chomer 浏览器安装路径"处添加地址，单击"浏览"按钮，找到 Chrome 浏览器的安装路径，单击"打开"按钮，浏览器就配置好了，如图 1-15 所示。

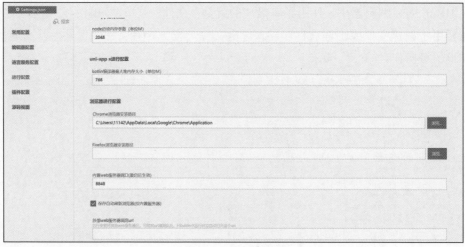

图 1-15　运行配置

(4) 以后再使用浏览器浏览页面时，只需要直接单击工具栏中有浏览器标识的图标，就可以看到所编写的 HTML 页面效果，非常方便，如图 1-16 所示。

图 1-16　运行到浏览器

3. 使用 HBuilderX 新建网页

以上主要介绍了 HBuilderX 的界面功能及浏览器的配置。接下来，尝试使用 HBuilderX 创建一个新的网页。打开 HBuilderX 软件，进入主界面，创建新网页的步骤如下。

(1) 执行"文件"|"新建"|"html 文件"命令，如图 1-17 所示。

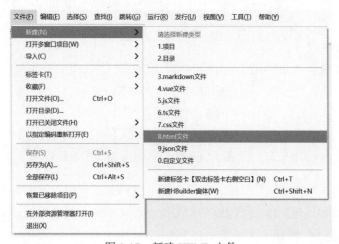

图 1-17　新建 HTML 文件

(2) 此时系统弹出"新建 html 文件"对话框，修改 HTML 文件的名称为"new_file.html"，单击"创建"按钮，如图 1-18 所示。

图 1-18 为 HTML 文件命名

(3) 编写 HTML 文件，网页标题可以命名为"HBuilderX 编写的第一个 HTML 文件"，在<body>标签对中输入"欢迎来到 HBuilderX 的世界，让你体会到飞一样的感觉……"，代码如下所示。

```
<!DOCTYPE html>
<html>
    <head>
        <meta charset="UTF-8">
        <title>HBuilderX 编写的第一个 HTML 文件</title>
    </head>
    <body>
        欢迎来到 HBuilderX 的世界，让你体会到飞一样的感觉……
        </body>
</html>
```

(4) 使用已经配置好的浏览器浏览已经编写的 HTML 文件。执行"运行"|"Chrome"命令或直接单击工具栏中的 Chrome 浏览器图标，即可弹出 HTML 文件浏览视图，如图 1-19 所示。

图 1-19 弹出的 HTML 文件浏览视图

至此，一个简单的 HTML 文件效果图就展示在大家面前了，直观且清晰。

上机实战

上机目标

- 使用 HBuilderX 创建项目。
- 使用 HTML5 代码进行编辑。
- 在浏览器中显示"Hello World！"。

上机练习

利用 HTML5 显示"Hello World！"。

【问题描述】

编写 HTML5 代码，在浏览器中显示"Hello World!"。

【问题分析】

本练习主要用于体会 HTML5 的基本用法。

【参考步骤】

(1) 创建 hello.html。

(2) 修改页面代码。

```html
<!DOCTYPE html>
<html>
    <head>
        <meta charset="UTF-8">
        <title>欢迎界面</title>
    </head>
    <body>
        Hello World！
    </body>
</html>
```

(3) 按快捷键 Ctrl+R，在 Chrome 浏览器中查看 hello.html 页面，如图 1-20 所示。

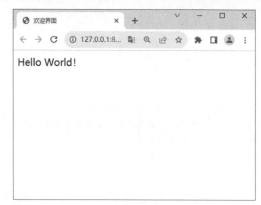

图 1-20　查看 hello.html 页面

注意:
严格按照编码规范进行编码，注意缩进位置和代码大小写，代码中的符号为英文格式。

1. HTML5 的标准版由(　　)发布。
   A. W3C(World Wide Web consortium)
   B. IEEE(Institute of Electrical and Electronics Engineers)
   C. ISO(International Organization for Standardization)
   D. IETF(Internet engineering task force)
2. 下列标签中，(　　)用于在网页上显示视频内容。
   A. <video>　　　　　　　　　　　　B. <canvas>
   C. <embed>　　　　　　　　　　　　D. <object>
3. 下列标签中，(　　)用于定义 HTML5 文档类型。
   A. <doctype html>　　　　　　　　　B <!doctype html>
   C. <html5>　　　　　　　　　　　　D. <!html5>

- 了解 HTML5 的发展历程。
- 熟悉 HBuilderX 开发工具。
- 使用 HBuilderX 开发工具创建一个 HTML5 页面。

PJ01 任务目标
- 了解 HTML5 的发展历程。
- 掌握 HBuilderX 的使用方法。
- 使用 HBuilderX 创建一个 HTML5 网页。

PJ0101　了解 HTML5 的发展历程
【任务描述】
了解早期 HTML 版本到 HTML5 标准版的演进过程，知悉其重要特性和在现代 Web 开发中的应用。

【任务分析】

掌握 HTML5 发展的背景知识，了解 HTML5 的起源、演进过程，以及为什么成为当今 Web 开发的重要标准。

【参考步骤】

(1) 阅读课程提供的学习材料，了解 HTML 的历史和发展。

(2) 探索 HTML5 的标准化过程。

PJ0102　掌握 HBuilderX 的使用方法

【任务描述】

学习如何使用 HBuilderX 开发工具，包括安装和配置，项目创建和编辑，实现基本的 HTML5 页面开发。

【任务分析】

熟悉一款强大的前端开发工具，能够高效地创建和编辑 HTML5 项目，并进行实时预览和调试。

【参考步骤】

(1) 下载并安装 HBuilderX 开发工具，根据指南完成基本设置。

(2) 创建一个新的 HTML5 项目，指定项目名称和保存路径。

PJ0103　使用 HBuilderX 创建一个 HTML5 网页

【任务描述】

使用 HTML5 代码进行编辑，在页面显示 "Hello World!"。

【任务分析】

(1) 打开网页，在页面显示 "Hello World!"。

(2) 可以在 <body> 标签中实现。

【参考步骤】

(1) 创建新的 HTML 页面，命名为 task1.html。

(2) 更改网页中 <title> 的值为 "欢迎界面"。

(3) 修改 HTML 代码，如下所示。

```html
<!DOCTYPE html>
<html>
    <head>
        <meta charset="UTF-8">
        <title>欢迎界面</title>
    </head>
    <body>
        Hello World!
    </body>
</html>
```

(4) 按快捷键 Ctrl+R，在 Chrome 浏览器中查看 task1.html 页面，结果如图 1-21 所示。

图 1-21　查看 task.html 页面

PJ01 评分表

序号	考核模块	配分	评分标准
1	了解 HTML5 的发展历程	30 分	1. 能够准确描述 HTML5 的发展历程(15 分) 2. 准确说出 HTML 的标准化过程和 HTML5 的新特性(15 分)
2	掌握 HBuilderX 的使用方法	30 分	1. 能够成功安装 HBuilderX 并进行基本的设置(15 分) 2. 创建一个新的 HTML5 项目，指定项目名称和保存路径(15 分)
3	创建一个 HTML5 网页	40 分	1. 能够正确创建 HTML5 文档结构(30 分) 2. 在浏览器中显示 Hello World！(10 分)

工单评价

任务名称	PJ01. 独立创建一个 HTML 网页				
工号		姓名		日期	
设备配置		实训室		成绩	
工单任务	1. 掌握 HBuilderX 开发工具的使用方法。 2. 创建一个简单的 HTML5 网页。				
任务目标	1. 学习 HTML5 的基础知识，了解其在网页开发中的重要性。 2. 探索 HBuilderX 开发工具，学习如何安装和配置。 3. 通过实际操作创建一个简单的 HTML5 网页，加深对 HTML5 的理解。				

任务编号	开始时间	完成时间	工作日志	完成情况
PJ01				

学生自我评价：
请根据任务完成情况进行自我评估，并提出改进方法。
技术方面

素养方面

教师评价：
1. 对学生的任务完成情况进行点评。

2. 学生本次任务的成绩。

制作首页logo

项目简介

- 本项目旨在介绍 HTML 的基本标签和 HTML5 的一些新标签的使用方法。
- 通过对基本标签的学习，使学生能够在首页制作一个简单的 logo。

工单任务

任务名称	PJ02. 使用基本的 HTML 标签制作首页 logo				
工号		姓名		日期	
设备配置		实训室		成绩	
工单任务	完成网站首页 logo 的制作。				
任务目标	1. 学习并掌握常用的基本标签。 2. 了解 HTML 基础页面的结构。				

一、课程目标与素养发展

1. 技术目标

(1) 掌握 HTML 常用标签的使用方法。
(2) 了解 HTML 基本页面的结构。

2. 素养目标

(1) 养成良好的编码习惯。
(2) 具备网页制作和系统分析能力。
(3) 深入贯彻网络强国思想，提高自身网络安全意识。

二、决策与计划

任务：网站首页 logo 的制作

【任务描述】
完成网站首页 logo 的制作。
【任务分析】
使用基本的 HTML 标签制作 logo。
【任务完成示例】

三、实施

1. 任务

内容	要求
完成网站首页 logo 的制作	学会使用基本的 HTML 标签

2. 注意事项

(1) 编辑器使用 HBuilderX 2.6(或以上版本)或 VSCode 1.5(或以上版本)。

(2) 功能实现完整,并且调试无误。

(3) 按编码规范进行编码。

工作手册

在学习 HTML 的过程中,首先要了解一些基础知识。本项目主要介绍 HTML 的常用标签和 HTML5 的新增标签。

2.1 HTML 基本标签

在网页中,文字是最基本的元素。文字的大小、颜色等设置会直接影响浏览者对网站的印象。本节将讲解 HTML 的基本标签。

2.1.1 标题标签

在浏览网页时,我们常常会看到一些标题文字,它们以固定的字号显示。标题用于对文本中的章节进行划分,概括下文内容,根据逻辑结构安排信息。

HTML 提供了六级标题,<h1>最大,<h6>最小,用户只需把文字放入这些标签内,浏览器便可进行相应显示,如示例 2-1 所示。

示例 2-1:

```
<html>
<head>
    <title>标题标签</title>
</head>
<body>
    <h1>今天天气不错</h1>
    <h2>今天天气不错</h2>
    <h3>今天天气不错</h3>
    <h4>今天天气不错</h4>
    <h5>今天天气不错</h5>
    <h6>今天天气不错</h6>
</body>
</html>
```

效果如图 2-1 所示。

需要注意的是,每个标题独占一行,也就是说一行文字中只能有一种标题。

2.1.2 段落标签

在网页中,要想有条理地显示文字,离不开段落标签。在 HTML 中,段落使用<p>

图 2-1 标题标签效果图

和</p>来表示。

<p></p>标签对用于创建一个段落,在此标签对之间加入的文本将按照段落的格式显示。另外,<p>标签还可以通过 align 属性说明对齐方式,语法结构为<p align=""> </p>。align 的值可以是 left(左对齐)、center(居中)和 right(右对齐)中的任何一个。例如,<p align="center"></p>表示标签中的文本使用居中的对齐方式,如示例 2-2 所示。

示例 2-2:

```
<html><head>
<title>段落标签</title>
</head>
<body>
    <p align="center">卜算子·咏梅</p>
    <p align="center">风雨送春归,飞雪迎春到。</p>
    <p align="center">已是悬崖百丈冰,犹有花枝俏。</p>
    <p align="center">俏也不争春,只把春来报。</p>
    <p align="center">待到山花烂漫时,她在丛中笑。</p>
</body>
</html>
```

效果如图 2-2 所示。

图 2-2　段落标签效果图

注意:
结束标签</p>可以不写。下一个<p>标签的出现,就意味着上一个<p>段落的结束。

2.1.3　换行标签

换行标签是
,它没有结束标签。它与段落标签的区别在于它仅表示换行,上下两行仍然为一个段落。例如,将上面的例子修改为如示例 2-3 所示。

示例 2-3:

```
<html>
<head>
<title>换行标签</title>
</head>
```

```
    <body>
        <p>卜算子·咏梅</p>
        风雨送春归，飞雪迎春到。<br>
        已是悬崖百丈冰，犹有花枝俏。<br>
        俏也不争春，只把春来报。<br>
        待到山花烂漫时，她在丛中笑。<br>
    </body>
</html>
```

效果如图2-3所示。

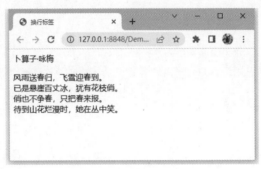

图2-3 换行标签效果图

2.1.4 预排版标签

在网页创作中，一般是通过各种标签对文字进行排版的。但在实际运用中，经常需要一些特殊的排版效果，这时使用标签控制往往比较麻烦。解决办法就是使用<pre>标签保留原始文本格式的排版效果，如空格、制表符等。

<pre>与</pre>之间的文本在浏览器中生成的效果将会和编写时指定的格式完全一样。若要达到页面原来的效果，使用<pre>标签会变得很方便，如示例2-4所示。

示例2-4：

```
<html><head>
<title>pre 预排版标签</title></head>
<body>
    <pre>
                    o
                o   oo
              o o  oo
               oo   oo
              o o   oo
              ooooo oo
              oo    oo
              ooo   oooo
    </pre>
</body>
</html>
```

效果如图 2-4 所示。

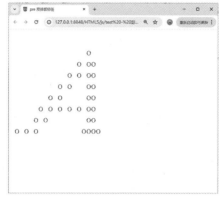

图 2-4　预排版标签效果图

2.1.5　文本格式化标签

在网页中，除了标题文字外，普通的文字信息更是不可缺少的，各种各样的文字效果可以使网页更加丰富多彩。

在编辑网页时，可以直接在<body>和</body>之间输入文字，这再简单不过了。但是这样做完的网页，浏览起来混乱不堪，文字不分段落，也没有多彩的颜色。因此，输入好文字后，还要对文字进行格式化。

1. <b>标签

<b>标签可以使文字以粗体形式显示，用法如下。

<b>该文本将以粗体显示</b>

2. <i>标签

<i>标签可以使文字以斜体形式显示，用法如下。

<i>该文本将以斜体显示</i>

3. <u>标签

<u>标签可以使其内部文字加上下画线，用法如下。

<u>该文本将带有下画线</u>

4. <sup>标签

<sup>标签可以使其内部的文字比前面的文字高一些，并以更小的字体显示，用法如下。

欢迎^{光临}

5. <sub>标签

<sub>标签可以使其内部的文字比前面的文字低一些,并以更小的字体显示,用法如下。

```
欢迎<sub>光临</sub>
```

下面演示使用文本格式化标签的效果,如示例 2-5 所示。

示例 2-5:

```
<html>
<head>
    <title>文本格式化标签</title>
</head>
<body>
    <p>
        <b>国风 周南 汉广</b></p>
    <p>
        南有乔木,不可<u>休息</u>。</p>
    <p>
        汉有游女,不可<i>求思</i>。</p>
    <p>
        汉之<sub>广矣</sub>,不可<sup>泳思</sup>。</p>
    <p>
        江之永矣,不可方思。</p>
</body>
</html>
```

效果如图 2-5 所示。

图 2-5　文本格式化标签效果图

2.1.6　列表

列表用于按逻辑方式对数据分组。常用的列表有无序列表、有序列表和自定义列表。

1. 无序列表(unordered list)

无序列表是指各条列之间并无顺序关系，只是纯粹利用条列式方法来呈现资料而已，各条列前面均有一个符号以示间隔。无序列表使用<ul>标签来创建，用<li>表示列表中的每一项，如示例 2-6 所示。

示例 2-6：

```
<html>
<head>
    <title>无序列表</title>
</head>
<body>
    国际互联网提供的服务有：
    <ul>
        <li>WWW 服务</li>
        <li>文件传输服务</li>
        <li>电子邮件服务</li>
        <li>远程登录服务</li>
        <li>其他服务</li>
    </ul>
</body>
</html>
```

效果如图 2-6 所示。

图 2-6 无序列表效果图

各条列前面的符号不一定是实心图，可以通过添加属性(type="形状名称")来改变其符号形状，共有以下 3 个形状可以选择。

- disc(实心圆)。
- square(小正方形)。
- circle(空心圆)。

下面对示例 2-6 的第 7 行语句做一些改动，以改变其显示效果，如下所示。

```
<ul type="circle">
```

效果如图 2-7 所示。

图 2-7 无序列表符号改变效果图

可以发现各条列前面的符号变成了空心圆。

此外，可以修改列表中每一项的样式，只需要对<li>添加相应的 type 属性即可。

2. 有序列表(ordered list)

有序列表是指各条列之间是有顺序的。有序列表使用<ol>标签来创建，列表中的每一项用<li>来标记。

和无序列表一样，也可以选择不同的符号来显示顺序，同样通过添加 type 属性来更改，共有以下 5 种符号可以选择。

- 1(数字)。
- A(大写英文字母)。
- a(小写英文字母)。
- I(大写罗马数字)。
- i(小写罗马数字)。

接下来，使用数字显示有序列表，如示例 2-7 所示。

示例 2-7：

```
<html>
<head>
    <title>有序列表</title>
</head>
<body>
    国际互联网提供的服务有：
    <ol type="1">
        <li>WWW 服务</li>
        <li>文件传输服务</li>
        <li>电子邮件服务</li>
        <li>远程登录服务</li>
        <li>其他服务</li>
    </ol>
</body>
</html>
```

效果如图 2-8 所示。

图 2-8　有序列表效果图

如果要将所有或部分项目编号以大写罗马数字显示，只需要修改<ol>或<li>的 type 属性值为 I 即可。

此外，可以添加 start 属性改变第一行的编号值。例如，把示例 2-7 中的<ol type="1">改为<ol type="1" start ="11">，就会发现项目编号 1～5 变成了 11～15。

3. 自定义列表(definition list)

自定义列表用于对列表条目进行简短说明，使用<dl>标签来创建，列表条目用<dt>引导，说明用<dd>引导，如示例 2-8 所示。

示例 2-8：

```
<!DOCTYPE html>
    <head>
        <meta charset="UTF-8">
        <title>测试</title>
    </head>
    <body>
     <dl>
        <dt>WWW
        <dd>world wide web，万维网
        <dt>URL
        <dd>uniform resource locations，统一资源定位符
        <dt>HTML
        <dd>hypertext markup language，超文本标记语言
     </dl>
    </body>
</html>
```

效果如图 2-9 所示。

图 2-9 自定义列表效果图

各种列表之间可以互相嵌套，每嵌套一层，列表条目的输出就会有更大的缩进。

2.1.7 文本字体标签

<font>标签用来设置文本字体、字号、颜色等。使用方法如下所示。

<font color=" " size=" " face=" ">文字内容</font>

size 属性值一共有 7 种，从<font size=1>(最小)到<font size=7>(最大)。另外，还有一种写法为<font size=+1>文字内容</font>，其含义为比预设字号大一级。当然也可以写为 font size=+2(比预设字号大二级)或 font size=-1(比预设字号小一级)等。一般而言，预设字号为 3。

若要设置文本颜色，则需要修改 color 的属性值，color 属性值可以是颜色的英文单词或十六进制数值。

若要设置文本的字体，则需要修改 face 的属性值。但前提是要安装所需字体，否则将以系统中的默认字体显示。

设置文本的字号、颜色和字体，如示例 2-9 所示。

示例 2-9：

```
<!DOCTYPE html>
<head>
<meta charset="UTF-8">
<title>测试</title>
</head>
<body>
    <p>
    <font size="1">字体一 </font> <font size="-2"> 字体一</font>
    <p>
    <font size="2">字体二 </font> <font size="-1"> 字体二</font>
    <p>
    <font size="3">字体三 </font> <font size="+0"> 字体三</font>
    <p>
    <font size="4">字体四 </font> <font size="+1"> 字体四</font>
    <p>
```

```
            <font size="5">字体五 </font> <font size="+2"> 字体五</font>
        <p>
            <font size="6">字体六 </font> <font size="+3"> 字体六</font>
        <p>
            <font size="7" color="#0000FF">字体七 </font>
            <font size="+4" color="blue" face="隶书"> 字体七</font>
    </body>
</html>
```

示例 2-9 中用两种方式设置了字号，并将第一个"字体七"的颜色设为了蓝色，将第二个"字体七"的字体设为了隶书，效果如图 2-10 所示。

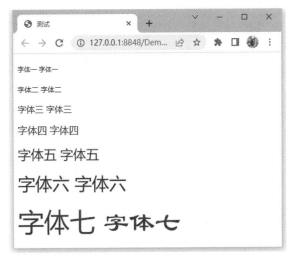

图 2-10　文本字体标签效果图

<font>标签虽然可以控制文本的字号、颜色等，但局限性太大，只能把文本字号分为 7 个等级。在实际运用中，一般通过 CSS 来实现对文本的控制(见项目六)。

2.1.8　插入图片标签

在网页中也可以随意插入图片，需要使用的标签为<img>。
<img>标签的属性较多，使用方法如下所示。

```
<img src="图片位置" height="高度" width="宽度" alt="说明文字" align="对齐">
```

src 属性用于指明图片的位置，可采取绝对路径或相对路径。路径及图片名尽量不要出现中文字符。

height 和 width 属性用于设置图片在网页上显示的大小。例如，一张图片的大小为 100×100 像素，若将这两个属性分别设置为 50，那么网页上显示的就是一张大小为 50×50 像素的图片。当然，我们不推荐这么做。在进行网页设计时，应该先把图片等素材准备好。如果不设置 height 和 width 属性，网页就会以图片的默认大小显示。

当人们浏览网页时，有时图像会由于网络等原因无法显示，此时图片的位置就会显示一些文字，用以对图片进行说明。这就是 alt 属性的作用，让浏览者知道设置这张图片的用意。

align 属性用于设置对齐方式，决定了图片在包含它的容器中的对齐方式。

此外，还可以指定文本与图像的距离。文本与图像的间距用 vspace=#和 hspace=#指定，#表示整数，单位是像素。前者指定纵向间距，后者指定横向间距。

在文本中插入图片，如示例 2-10 所示。

示例 2-10：

```
<!DOCTYPE html><head>
    <meta charset="UTF-8">
    <title>测试</title>
</head>
<body>
    <img src="images/sanya.JPG" width="300" height="300" alt="三亚旅游" align="middle">在图片中间显示
</body>
</html>
```

效果如图 2-11 所示。

图 2-11　插入图片标签效果图

从图 2-11 中可以看到，文字相对于图片是上下居中显示的。若图片无法显示，就会出现说明文字"三亚旅游"。

2.1.9　插入特殊符号

某些字符在 HTML 中有特殊的含义，如"<"和">"等。例如，若想在网页中显示"<"和">"，就不能直接输入"<"和">"，因为它们代表标签的开始或结束。这时，就要使用它们的转义码。常用的转义码及其对应的符号如表 2-1 所示。

表 2-1　常用的转义码及其对应的符号

特殊字符	转义码	示例
大于(>)	>或>	if(a>b) return a;
小于(<)	<或<	if(a<0) return 0; <font>
&	&或&	张三&李四出国了
引号(")	&quot;	"条条大路通罗马"
空格		欢 迎 光 临
元(¥)	&yen;	50 & yen;
版权(©)	&copy;	©版权所有
注册商标(®)	&reg;	Apple & reg;

在使用转义码时，需要注意以下几点。
- 转义码的各字符间不能有空格。
- 转义码必须以";"结束。
- 单独的&不被认为是转义开始。
- 转义码区分大小写。

2.1.10　插入横线

横线一般用于分隔同一 HTML 文档的不同部分。在页面中画一条横线非常简单，只要使用<hr>标签即可，使用方法如下所示。

`<hr width="50%" size="10" align="center" color="#0033FF">`

其中，width 指横线长度，可以用横线占页面宽度的百分比来表示，也可以用数字来表示固定的横线长度；size 指横线高度，以像素为单位；align 指横线的对齐方式，有左、中、右三种可以选择；color 指横线的颜色。此外，还可以添加 noshade 属性来规定横线有没有阴影。

在页面中插入横线，如示例 2-11 所示。

示例 2-11：

`<hr width="50%" align="center" color="red">`

效果如图 2-12 所示。

图 2-12　插入横线效果图

如果想让横线的长度随页面的宽度而改变，以保持占页面宽度的 50%，可以采用"width=数字%"来固定长度。

2.1.11 添加多媒体元素

多媒体元素在现代网站中扮演着重要角色，有了它网站会变得更漂亮，更能吸引用户。添加了多媒体元素的网站在视觉、听觉及操作性等方面能够给用户带来丰富的体验。

下面介绍几种多媒体元素的添加方法。

1. 滚动文字

利用<marquee>标签可以使文字在网页上实现动态滚动，使用方法如下。

<marquee>…</marquee>

默认情况下，文字将一遍一遍地从页面右边向左边滚动。若要更改文字的滚动方向、滚动方式等，则可以设置以下属性。

(1) 方向属性 direction，用法如下。

<marquee direction=#>

其中，#可以是 left、right，分别表示从右向左滚动、从左向右滚动。

(2) 方式属性 behavior，用法如下。

<marquee behavior=#>

其中，#可以是 scroll、slide、alternate，分别表示单方向循环滚动、只滚动一次、来回滚动。

(3) 循环属性 loop，用法如下。

<marquee loop=#>

其中，#代表循环次数，若未指定则一直循环。

(4) 速度属性 scrollamount，用法如下。

<marquee scrollamount=#>

其中，#代表滚动速度。

(5) 延时属性 scrolldelay，用法如下。

<marquee scrolldelay=#>

其中，#代表滚动的时间间隔，单位是毫秒。

此外，还有 align 属性，其值为 top、middle、bottom 等，用于设置对齐方式；hspace 和 vspace 属性，用于设置滚动文字到区域边界的水平距离和垂直距离。

2. 背景音乐

使用<bgsound>标签可以为网页添加背景音乐。音乐通常为 MID、MP3 等格式。使用方法如下。

```
<bgsound src="jy001.mid" loop=3>
```

设置好音乐的路径和循环次数，打开页面后就可以听到动人的音乐了。如果没有设置 loop 的属性值或设置 loop 的属性值为-1，则代表无限次循环播放音乐。

2.2 HTML5 新增标签

为了更好地适应现代人对互联网的需求，HTML5 中新增了很多新的标签，如定义独立内容的<article>标签、定义声音内容的<audio>标签、定义图形的<canvas>标签、调用命令的<command>标签、定义公历时间或日期的<time>标签、定义视频的<video>标签等，这些标签极大地丰富了网页的内容，也提升了人们的体验感。

2.2.1 <article>标签

<article>标签一般用于定义来自外部的内容，如来自外部新闻提供者的一篇新的文章、来自博客的文本、来自论坛的文本，以及来自其他外部源的内容。

<article>标签的应用如示例 2-12 所示。

示例 2-12：

```
<html>
<head>
<meta charset="UTF-8">
    <title>article 标签定义独立的内容</title>
</head>
<body>
    <article>
        可能的 article 实例：
            论坛帖子
            报纸文章
            博客条目
            用户评论
    </article>
    以上是 article 中所可能使用到的实例
</body>
</html>
```

效果如图 2-13 所示。

图 2-13 <article>标签效果图

2.2.2 <audio>标签

<audio>标签用于对音乐或其他音频流进行调用和播放。人们在日常浏览网页时会发现，打开网页后，通常会有一些音乐自动播放，优美的旋律使人们不由自主地想在这样的网站中多浏览一会儿。若想达到这种效果，可以使用<audio>标签来实现。<audio>标签的应用如示例 2-13。

示例 2-13：

```
<html>
<head>
<meta charset="UTF-8">
    <title>控制声音内容的 audio 标签</title>
</head>
<body>
    <audio src="/audio/horse.mp3" controls="controls">
        IE8 以及更早的浏览器不支持 audio 标签
    </audio>
</body>
</html>
```

效果如图 2-14 所示。

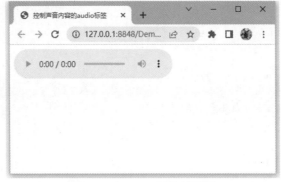

图 2-14 <audio>标签效果图

音乐的格式多种多样，如 OGG 格式、MP3 格式、WAV 格式等，但浏览器支持的格式可能各不相同，因此有时即使调用了<audio>标签，音乐也没有播放成功。此时，只需要进行音频的转换或换用其他浏览器即可。

<audio>标签中的 src 属性用于指定音频的位置，可以使用相对定位，也可以使用绝对定位。注意，对于音频路径及音频名称最好不要使用中文字符命名。

controls 属性用于向用户显示控件，如图 2-14 中的播放按钮。

除以上两个属性外，还有其他属性用来控制音频的播放。当出现 autoplay 属性时，音频在就绪后会自动播放，不需要用户单击播放按钮进行播放；当出现 loop 属性时，每当音频播放结束便会重新开始播放；当出现 muted 属性时，音频会静音播放。通过设置这些属性，人们可以更精确地控制音频的播放。

2.2.3 <canvas>标签

<canvas>是一个画布标签，不具备实际功能，只是一个容器而已。人们可以结合脚本利用此标签进行图形绘制，画出自己想要展现的效果。画布是一个矩形区域，人们可以控制该区域中的每一个像素。<canvas>标签有多种绘制路径、矩形、圆形、字符和添加图像的方法。并不是所有浏览器都支持此标签，因此在应用时需要添加一个提示文本"您的浏览器不支持 HTML5 canvas 标签"。当某浏览器不支持<canvas>标签时，这段文本将显示在<canvas>标签所在的位置上，以提醒用户换一个浏览器看看效果。

<canvas>标签的应用如示例 2-14 所示。

示例 2-14：

```html
<html>
<head>
<meta charset="UTF-8">
    <title>canvas 画布标签</title>
</head>
<body>
    <canvas id="mycanvas" width="200" height="200"
      style="border: 3px solid red;">您的浏览器不支持 HTML5 canvas 标签
    </canvas>
</body>
</html>
```

效果如图 2-15 所示。

<canvas>标签中的 id 属性是为后续结合脚本服务的，在脚本中可以通过 id 值对画布进行操作。

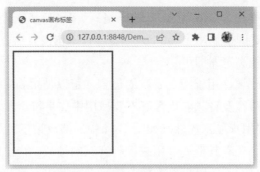

图 2-15　<canvas>标签效果图

width 和 height 属性分别用于定义画布的宽度和高度。

style 属性用于设置样式。示例 2-14 中的语句 style="border: 3px solid red;"意为定义一个厚度为 3px 的红色实心边框。

2.2.4　<time>标签

<time>标签也是 HTML5 新增的标签，主要用来定义时间或日期，也可以同时定义。注意，<time>标签定义的是公历的时间(24 小时制)或日期，时间和时区偏移是可选的。<time>标签的应用如示例 2-15 所示。

示例 2-15：

```
<html>
<head>
<meta charset="UTF-8">
    <title>定义时间或日期的 time 标签</title>
</head>
<body>
    <p>我们每天早上<time>6:00</time>起来晨练</p>
    <p>三峡大坝<time datetime="2006-5-20">全线</time>修建成功！！！</p>
</body>
</html>
```

效果如图 2-16 所示。

图 2-16　<time>标签效果图

<time>标签中的 datetime 属性用于规定日期或时间。当<time>标签中未指定日期或时间时,可以使用 datetime 属性,该属性在浏览器中不会渲染任何特殊的效果。

2.2.5 <video>标签

在 HTML5 之前的版本中,若想观看网页上的视频,则需要先安装支持 Flash 的插件,然后使用<object>和<embed>标签通过浏览器播放 swf、flv 等格式的视频文件,但现在的智能手机和 iPad 等一般无法支持 Flash,因此也无法浏览页面上的视频。为了解决这一问题,HTML5 中添加了<video>标签,使人们不安装第三方插件,就可以轻松地加载视频文件。

<video>标签的应用如示例 2-16 所示。

示例 2-16:

```
<html>
<head>
<meta charset="UTF-8">
    <title>用于播放在线视频的 video 标签</title>
</head>
<body>
    <video width="300" height="300" src="../audio/Green_video.mp4"
        controls="controls">您的浏览器不支持 video 标签</video>
</body>
</html>
```

效果如图 2-17 所示。

图 2-17 <video>标签效果图

Internet Explorer 9 及以上版本、Firefox、Opera、Chrome、Safari 都支持<video>标签。<video>标签中的 src 属性用于设置视频的地址,可以是绝对地址,也可以是相对地址;controls 属性用来向用户显示控件,如视频、音频播放按钮;width 和 height 属性用于设置播放器的宽度和高度;当出现 autoplay 属性时,视频就绪后就会自动播放;当出现 loop 属性时,视频完成播放后会根据值循环播放;当出现 muted 属性时,视频的音频输出为静音模式。

上机实战

上机目标

- 使用基本的 HTML 标签创建简单的 HTML 文档。
- 练习使用 HTML 常用标签及 HTML5 新增标签。

上机练习

使用基本的 HTML 标签制作网页。

【问题描述】

使用 HTML 标签制作简单的网页，如图 2-18 所示。

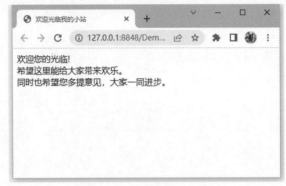

图 2-18　制作简单的网页

【问题分析】

本练习旨在帮助学生掌握 HTML 标签的使用方法。对于一个完整的 HTML 文档来说，其结构如图 2-19 所示。

图 2-19　HTML 文档结构

注意，网页的标题在<title>标签中设置。网页文字分为多行，因此应在每一行的代码后面加上一个换行标签
。

【参考步骤】

(1) 新建一个文本文档。

(2) 书写代码。

```
<!DOCTYPE html>
<html>
    <head>
        <title>欢迎光临我的小站</title>
    </head>
    <body>
        欢迎您的光临！<br>
        希望这里能给大家带来欢乐。<br>
        同时也希望您多提意见，大家一同进步。<br>
    </body>
</html>
```

(3) 把文本文档另存为"1-1.html"。

单元自测

1. 下列语句中，(　　)可以将 HTML 页面的标题设置为"HTML 练习"。

　　A. <head>HTML 练习</head>

　　B. <title>HTML 练习</title>

　　C. <body>HTML 练习</body>

　　D. <html>HTML 练习</html>

2. 下列选项中，(　　)不是 HTML5 新增的标签。

　　A. <video>　　　　　　　　　　B. <time>

　　C. <dt>　　　　　　　　　　　　D. <canvas>

3. 下列叙述正确的是(　　)。

　　A. <font>标签中的 size 属性用于设置文本字号，默认 size=1

　　B. 有序列表<ol>、无序列表<ul>、自定义列表<dl>之间不能互相嵌套

　　C.
与<p>没有区别，都代表换行

　　D. 标题标签中<h1>最大，<h6>最小

4. 在 HTML 文档中，(　　)标签用于嵌入音频内容，使用户能够在网页上直接播放音频文件。

　　A. <video>　　　　　　　　　　B. <img>

　　C. <audio>　　　　　　　　　　D. <source>

单元小结

- HTML 基本标签有<h1>…<h6>、<p>、
、<pre>、<font>、<img>、<hr>、<marquee>、<bgsound>等。
- HTML5 新增标签有<article>、<audio>、<canvas>、<time>、<video>等。

完成工单

某公司拟开发一个介绍广西文化旅游相关内容的网站，该网站包括登录、注册、名优特产、文学艺术、名胜古迹、传统工艺等模块。

本项目重点介绍使用 HTML 标签制作网站首页 logo 的方法。

PJ02 任务目标

- 完成网站首页 logo 的制作。
- 掌握 HTML 常用标签的使用方法。
- 了解 HTML 文档的基本结构。

【任务描述】

完成网站首页 logo 的制作。

【任务分析】

(1) 掌握常用的 HTML 标签的使用方法。

(2) 使用正确的 HTML 标签进行布局。

【参考步骤】

(1) 创建新的 HTML 页面，命名为 home.html。

(2) 更改网页中<title>的值为"首页"。

(3) 修改 HTML 代码，如下所示。

```html
<!DOCTYPE html>
<html>
    <head>
        <meta charset="UTF-8">
        <title>首页</title>
    </head>
    <body>
        <div class="header">
            <img src="images/logo.png" alt="">
        </div>
    </body>
</html>
```

(4) 按快捷键 F12，在 Chrome 浏览器中查看 home.html 页面，结果如图 2-20 所示。

图 2-20　查看 home.html 页面

PJ02 评分表

序号	考核模块	配分	评分标准
1	使用基本的 HTML 标签完成网站首页 logo 的制作	90 分	1. HTML 标签使用正确(30 分) 2. 图片标签布局正确(30 分) 3. 结果正确显示到页面中(30 分)
2	编码规范	10 分	文件名、标签名、缩进等符合编码规范(10 分)

工单评价

任务名称	PJ02. 使用基本的 HTML 标签制作网站首页 logo				
工号		姓名		日期	
设备配置		实训室		成绩	
工单任务	完成网站首页 logo 的制作。				
任务目标	1. 学习并掌握常用的基本标签。 2. 了解 HTML 基础页面的结构。				

任务编号	开始时间	完成时间	工作日志	完成情况
PJ02				

学生自我评价：
请根据任务完成情况进行自我评估，并提出改进方法。
技术方面

素养方面

教师评价：
1. 对学生的任务完成情况进行点评。

2. 学生本次任务的成绩。

设计注册页面

 **项目简介**

- ❖ 本项目主要通过HTML中的表格标签和表单标签完成广西文旅网站的注册页面设计。
- ❖ 掌握HTML表格标签的用法。
- ❖ 掌握HTML表单标签的用法。

工单任务

任务名称	PJ03. 广西文旅网站注册页面的设计				
工号		姓名		日期	
设备配置		实训室		成绩	
工单任务	完成网站注册页面的布局。				
任务目标	使用常用的表格标签和表单标签对页面进行合理布局。				

一、课程目标与素养发展

1. 技术目标

(1) 理解 HTML 表单的概念。
(2) 掌握不同表单控件的用法。
(3) 掌握 HTML5 新增表单输入类型。

2. 素养目标

(1) 具备良好的逻辑判断能力。
(2) 养成良好的规范编码习惯。
(3) 具备良好的时间管理的职业素养。

二、决策与计划

任务：完成网站注册页面的设计。

【任务描述】
在网页中使用 HTML 表格和表单完成注册页面的设计。

【任务分析】
(1) 新建一个注册页面。
(2) 使用 HTML 表格进行页面布局。

【任务完成示例】

注册

请输入账户名
请输入密码
☐ 我已同意《隐私条款》和《服务条款》
注册
已有账户，直接登录

三、实施

1. 任务

内容	要求
完成网站注册页面的布局。	正确使用表单控件。

2. 注意事项

(1) 编辑器使用 HBuilderX 2.6(或以上版本)或 VSCode 1.5(或以上版本)。

(2) 功能实现完整，并且调试无误。

(3) 按编码规范进行编码。

工作手册

本项目主要介绍 HTML 中的表格标签和表单标签的使用方法。表格标签用于在网页上展示结构化数据。表单标签用于收集用户的输入信息。在表单中可以添加输入类控件、菜单列表类控件和文本域等。此外，HTML5 中还新增了几种表单输入类型，包括 email 类型、number 类型、range 类型、search 类型、url 类型。

3.1 表格的应用

表格是日常生活中很常用的组织和处理数据的形式。在 Word 中创建表格，只需要指定表格的行数和列数即可。在网页中创建表格稍微复杂一点，需要自定义表格的各项属性。

在网页中，使用<table>标签创建表格，使用<tr>标签添加行，使用<td>标签添加单元格。例如，创建一个内容为 1 的基础表格，代码如示例 3-1 所示。

示例 3-1：

```
<html>
<head>
    <meta charset="UTF-8">
    <title>测试</title>
</head>
<body>
    <table>
        <tr><td> 1 </td></tr>
    </table>
</body>
</html>
```

保存后的预览效果如图 3-1 所示。

从图 3-1 中可以看出，表格缺少边框，此时可以通过设置 border 属性添加边框。具体操作方法：将示例 3-1 中的第 7 行语句改为<table border="1">。再次进行预览，效果如图 3-2 所示。

图 3-1　添加单元格预览界面

图 3-2　添加边框预览界面

只要熟练掌握<table>、<tr>和<td>标签，即使再复杂的表格也可以轻松创建。接下来，我们通过实例学习有关表格的基本操作。

(1) 添加两个单元格(见表 3-1)。

表 3-1 添加两个单元格

代码片段	效果	说明
```<table border="1"> <tr> <td> 1 </td> <td> 2 </td> <td> 3 </td> </tr> </table>```	1 2 3	在\<tr\>标签内可以有多个\<td\>，每个\<td\>代表一个单元格

(2) 添加一行(见表 3-2)。

表 3-2 添加一行

代码片段	效果	说明
```<table border="1"> <tr> <td> 1 </td> <td> 2 </td> <td> 3 </td> </tr> <tr> <td> 4 </td> <td> 5 </td> <td> 6 </td> </tr> </table>```	1 2 3 4 5 6	每个\<tr\>代表一行，有多少个\<tr\>标签，就代表表格有多少行

(3) 合并列(见表 3-3)。

表 3-3 合并列

代码片段	效果	说明
```<table border="1"> <tr> <td>1</td> <td>2</td> <td>3</td> </tr> <tr> <td colspan="3">4</td> </tr> </table>```	1 2 3 4	此时，第一行有 3 个单元格，第二行只剩下 1 个单元格了，为什么？因为第二行的 3 个单元格被合并为一个了。 col 是 column(列)的缩写，span 意为跨越，因此 colspan 意为合并列

(4) 合并行(见表 3-4)。

表 3-4　合并行

代码片段	效果	说明

`<table border="1">`
　`<tr>`
　　`<td `**`rowspan="2"`**`> 1</td>`
　　`<td> 2</td>`
　　`<td> 3</td>`
　`</tr>`
　`<tr>`
　　`<td> 5</td>`
　　`<td> 6</td>`
　`</tr>`
`</table>`
	[图：2行3列表格，第一列合并]	rowspan 意为合并行。
		合并结束后，第一列的两个单元格就被合并为一个了。
		思考：如果要合并 3 和 6 所在的两个单元格，该如何编写代码

(5) 设置表格的宽度和高度(见表 3-5)。

表 3-5　设置表格的宽度和高度

代码片段	效果	说明

`<table border="1" width="70" height="70">`
　`<tr>`
　　`<td> 1 </td>`
　　`<td> 2 </td>`
　　`<td> 3 </td>`
　`</tr>`
`</table>`
	[图：1行3列表格]	因为是对整个表格的宽度和高度进行设置，所以 width 和 height 属性要放在<table>标签内

(6) 调整单元格内文字的位置(见表 3-6)。

　　单元格内文字的位置并不是一成不变的，可以使用上中下、左中右等多种方式来调整。左中右用 align 属性来表示，属性值分别为 left、center、right；上中下用 valign 属性来表示，属性值分别为 top、middle、bottom。

表 3-6　调整单元格内文字的位置

代码片段	效果	说明

`<table width="85" height="85" border="1">`
　`<tr>`
　　`<td `**`align`**`="center" `**`valign`**`="bottom">1</td>`
　　`<td `**`align`**`="right" `**`valign`**`="top">2</td>`
　`</tr>`
　`<tr>`
　　`<td `**`align`**`="right" `**`valign`**`="bottom">3</td>`
　　`<td `**`align`**`="left" `**`valign`**`="middle">4</td>`
　`</tr>`
`</table>`
	[图：2行2列表格，文字位置各异]	因为是对单元格进行设置，所以 align 和 valign 属性要放在<td>标签内。
		同理，如果要让表格在网页上居中显示，则只需要在<table>标签中设置 align="center"即可

(7) 设置表格、单元格和边框的颜色(见表 3-7)。

我们可以设置整个表格或每一行的颜色，也可以设置单元格的颜色，还可以设置边框的颜色。

表 3-7　设置表格、单元格和边框的颜色

代码片段	效果	说明
`<table width="70" height="70" border="1"` **bordercolor**="red" **bgcolor**="yellow">` `　`<tr bgcolor="gray">` `　　<td> 1 </td>` `　　<td > 2 </td>` `　　<td > 3 </td>` `　</tr>` `　<tr>` `　　<td bgcolor="white">4</td>` `　　<td bordercolor="green">5</td>` `　　<td bgcolor="white">6</td>` `　</tr>` `</table>`	(表格效果图：1 2 3 / 4 5 6)	在<table>标签内，设置表格背景为黄色，设置表格边框为红色。 在<tr>标签内，设置第一行的背景为灰色。 在<td>标签内，设置 4 和 6 所在的单元格的背景为白色，设置 5 所在的单元格的边框为绿色

仔细观察表 3-7 中的效果图，会发现以下细节。
- 整个表格有一个大边框。
- 每个单元格也有边框。
- 表格边框与单元格边框的颜色都可以调整。
- 单元格与单元格之间有间距。
- 单元格与单元格之间的间距颜色和表格背景颜色一致。
- 单元格中的文字与单元格边框之间可以有距离。

另外，我们也可以为表格、行、单元格添加背景图片，具体方法是 background="图片路径"，这和设置网页背景图片的方法是一致的。

(8) 设置单元格填充距离(见表 3-8)。

单元格填充距离是指单元格中的文字与单元格边框的距离，可以使用 cellpadding 属性对单元格填充距离进行设置。

表 3-8　设置单元格填充距离

代码片段	效果	说明

`<table width="70" height="70" border="1" cellpadding="10">`
`　<tr>`
`　　<td>123456</td>`
`　</tr>`
`</table>`
	(表格效果图：123456)	cellpadding 属性使用频率较高，可以使表格中的文字更美观。
		这里设置了填充距离为 10 像素，可以看到文字的左右两端都空余了 10 像素

(9) 设置单元格间距(见表3-9)。

单元格间距是指单元格与单元格之间的距离，也就是边框与边框之间的距离，可以使用cellspacing属性对单元格间距进行设置。

表3-9 设置单元格间距

代码片段	效果	说明

`<table width="70" height="70" border="1" cellspacing="20" bgcolor="#FFFF00">`
　`<tr bgcolor="#FFFFFF">`
　　`<td>1</td>`
　　`<td>2</td>`
　`</tr>`
　`<tr bgcolor="#FFFFFF">`
　　`<td>3</td>`
　　`<td>4</td>`
　`</tr>`
`</table>`
	1 2
	3 4
		这里设置了单元格间距为20像素，整个表格的背景为黄色，每行的背景为白色

此时表格的边框很不美观，很粗。这是因为设置了border=1，border的值只能是整数，但如果将border设为0，则边框又消失了。下面我们通过调整单元格的填充距离、间距和背景颜色使表格变得更美观(见表3-10)。

表3-10 调整单元格的填充距离、间距和背景色

代码片段	效果	说明

`<table width="80" border="0" cellpadding="5" cellspacing="1" bgcolor="#0066FF">`
　`<tr bgcolor="#FFFFFF">`
　　`<td>1</td>`
　　`<td>2</td>`
　`</tr>`
　`<tr bgcolor="#FFFFFF">`
　　`<td>4</td>`
　　`<td>5</td>`
　`</tr>`
`</table>`
	1 2
	4 5
		请自行分析加粗代码的含义

(10) 设置表格表头(见表3-11)。

有时，需要让表格内某些单元格的文字居中并加粗。我们可以通过设置单元格的属性来实现，也可以通过<th>标签来完成。

表 3-11 设置表格表头

代码片段	效果	说明
``` <table width="130" border="0" cellpadding="5" cellspacing="1" bgcolor="#0066FF"> 　<tr bgcolor="#FFFFFF"> 　　<th>姓名</th> 　　<th>性别</th> 　</tr> 　<tr bgcolor="#FFFFFF"> 　　<td>张三</td> 　　<td>男</td> 　</tr> 　<tr bgcolor="#FFFFFF"> 　　<td>李四</td> 　　<td>女</td> 　</tr> </table> ```	姓名　性别 张三　男 李四　女	<th>和<td>都代表单元格，唯一的区别就是<th>可以使单元格中的内容变为粗体并居中显示

(11) 设置表格标题(见表 3-12)。

表格标题用于对表格进行说明，就像文章的题目一样，可以使用<caption>标签来完成。

表 3-12 设置表格标题

代码片段	效果	说明
``` <table width="130" border="0" cellpadding="5" cellspacing="1" bgcolor="#0066FF"> 　<caption valign="bottom" align="right"> 　　学员性别表 　</caption> 　<tr bgcolor="#FFFFFF"> 　　<th>姓名</th> 　　<th>性别</th> 　</tr> 　<tr bgcolor="#FFFFFF"> 　　<td>张三</td> 　　<td>男</td> 　</tr> 　<tr bgcolor="#FFFFFF"> 　　<td>李四</td> 　　<td>女</td> 　</tr> </table> ```	学员性别表 姓名　性别 张三　男 李四　女	注意，<caption>标签用于为整个表格添加标题，必须紧随<table>标签进行设置

表格是网页制作过程中很常用的一种布局方式，可以使页面元素更加有条理地按照我们的意愿摆放。我们可以采取表格单元格内嵌套子表格的方式来制作功能复杂的页面。

3.2 表单的应用

在 HTML 文档中，表单通常用于设计注册页面，当用户填写好信息提交后，表单的内容将从客户端的浏览器被传送到服务器上，经过服务器处理程序后，用户所需的信息就会被返回客户端的浏览器上，这样网页就具有了交互性。

图 3-3 展示的是一个网页中常见的表单，它包含文本框、单选按钮、复选框等控件。

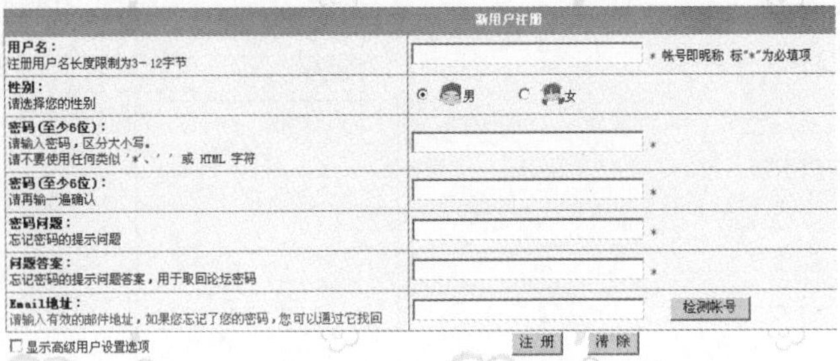

图 3-3　网页中常见的表单

在 HTML 中，<form></form>标签对用来创建一个表单，定义表单的开始和结束，在此标签对之间的内容都属于表单的内容。添加表单的语法如下。

<form name="表单名" method="传送方式" action="表单处理程序 ">
…
</form>

表 3-13 列出了表单属性的详细说明。

表 3-13　表单属性的详细说明

属性	说明
name	用于为表单命名。这一属性不是表单的必要属性，但为了防止表单在提交到后台处理程序时出现混乱，一般要设置一个与表单功能相符的名称。例如，可以将注册页面的表单命名为 register
action	用于指定表单需要提交的地址。一般来说，当用户单击表单上的提交按钮后，信息会发送到 action 属性所指定的地址，如 action=http://www.163.com 或 action=" mailto:abc@sina.com"
method	用于确定浏览器将数据发送给服务器的方法，可取值为 get 或 post。 ● method=get：使用此设置时，表单数据会附加在 URL 之后，由用户端直接发送到服务器，因此速度比 post 快，但缺点是有数据长度限制，数据长度不能太长。在没有指定 method 的情况下，一般都会将 get 视为默认值 ● method=post：使用此设置时，表单数据作为一个数据块与 URL 分开发送，因此通常没有数据长度上的限制，缺点是速度比 get 慢

例如，使用 post 方法将表单提交到 www.163.com，代码如下所示。

```
<form name="register" method="post" action="http://www.163.com">
……表单内容……
</form>
```

3.3 在表单中添加控件

3.3.1 输入类控件

<input>标签的基本语法格式如下。

<inputtype ="控件类型" name="控件名称">

在<input>标签中，type 属性是其基本属性，其取值有多种，用于制定不同的控件类型，如表 3-14 所示。

表 3-14 type 属性值

属性值	说明
text	文本框
password	密码域
radio	单选按钮
checkbox	复选框
button	普通按钮
submit	提交按钮
reset	重置按钮
hidden	隐藏域
file	文件域

1. 文本框

在<input>标签中，type 的属性值为 text 时可以创建单行文本输入框。表 3-15 列出了文本框的属性。

表 3-15 文本框属性

属性	说明
name	用于设置文本框的名称
size	用于设置文本框在页面中显示的宽度，以字符为单位
maxlength	用于设置文本框中最多可以输入的字符数
value	用于定义默认值

2. 密码域

在<input>标签中，type 的属性值为 password 时可以创建密码域。它和文本框最大的区别在于：当用户在此输入信息时显示为保密字符。

例如，创建如图 3-4 所示的登录页面，代码如示例 3-2 所示。

示例 3-2：

```
<head>
    <title>文本框和密码域示例</title>
</head>
<body>
    <p>登录页面 </p>
    <p>用户名：<input type="text" name="username" value="" size="15"></p>
    <p>密　码：<input type="password" name="psd" size="15" maxlength="6"></p>
</body>
</html>
```

图 3-4　添加文本框和密码域

3. 单选按钮

在<input>标签中，type 的属性值为 radio 时可以创建单选按钮。单选按钮用于表示一组相互排斥的值，组中的所有按钮共享同一个名称，用户一次只能选择一个选项。表 3-16 列出了单选按钮的属性。

表 3-16　单选按钮属性

属性	说明
checked	用于设置单选按钮为选中状态
name	用于设置单选按钮的名称
value	用于设置单选按钮在提交时传递的数据值

例如，在示例 3-2 的 body 部分加入以下代码，即可添加单选按钮。

```
<p>
    性　别：
    <input type="radio" name="sex" value="male">男
    <input type="radio" name="sex" value="female">女
</p>
```

效果如图 3-5 所示。

图 3-5　添加单选按钮

4．复选框

在<input>标签中，type 的属性值为 checkbox 时可以创建复选框。用户可以选择多个复选框。某复选框被选中时，会将一个 name/value 对与 form 一起提交。表 3-17 列出了复选框的属性。

表 3-17　复选框属性

属性	说明
checked	用于设置复选框为选中状态
name	用于设置复选框的名称
value	用于设置复选框在提交时传递的数据值

例如，在表单中添加复选框，代码如示例 3-3 所示。

示例 3-3：

```
<head>
    <title>复选框示例</title>
</head>
<body>
    <p>请选择你的爱好：</p>
    <p>
        <input type="checkbox" name="test1" value="A1">上网
        <input type="checkbox" name="test2" value="A2" checked>游泳
        <input type="checkbox" name="test3" value="A3">登山
        <input type="checkbox" name="test4" value="A4">写作
    </p>
</body>
</html>
```

效果如图 3-6 所示。

图 3-6　添加复选框

5. 普通按钮

在<input>标签中，type 的属性值为 button 时可以创建普通按钮。表 3-18 列出了普通按钮的属性。

表 3-18　普通按钮属性

属性	说明
name	用于设置或检索按钮的名称
value	用于设置显示在按钮上的初始值

例如，在示例 3-2 的 body 部分插入以下代码，即可添加普通按钮。

`<input type="button" name="b1" value="这是普通按钮">`

效果如图 3-7 所示。

图 3-7　添加普通按钮

6. 提交按钮

在<input>标签中，type 的属性值为 submit 时可以创建提交按钮。当用户单击"提交"按钮时，表单就会被提交至 form 中指定的提交地址。

例如，在示例 3-2 中插入以下代码，即可添加提交按钮。

`<input type="submit" name="b2" value="提交表单">`

效果如图 3-8 所示。

图 3-8　添加提交按钮

7. 重置按钮

在<input>标签中，type 的属性值为 reset 时可以创建重置按钮。当用户单击"重置"按钮时，此按钮所在表单中的所有元素的值就会被重置为其 value 属性中指定的初始值。

例如，在示例 3-2 已有代码的基础上插入以下代码，即可添加重置按钮。

`<input type="reset" name="b3" value="重新填写">`

效果如图 3-9 所示。

图 3-9　添加重置按钮

8. 隐藏域

表单中的隐藏域主要用来传递一些参数，而这些参数不需要在页面中显示。当浏览者提交表单时，隐藏域中的内容会被一起提交给处理程序。

创建隐藏域的语法格式如下。

```
input type="hidden" name="隐藏域名称" value="提交的值"
```

创建一个隐藏域，代码如示例 3-4 所示。

示例 3-4：

```
<html>
<head>
    <title>隐藏域和 action 属性对比示例</title>
</head>
<body>
<form name="exam5" action="exam1.htm" method="get">
    下面是几种不同属性的文本字段：
    <p>姓名：<input type="text" name="username" size=15></p>
    <p>年龄：<input type="text" name="age" size=15 maxlength=3></p>
    <p><input type="hidden" name="page_id" value="example"></p>
    <p><input type="submit" name="Submit" value="提交"></p>
</form>
</body>
</html>
```

运行这段代码时，隐藏域的内容并不会显示在页面中，但是在提交表单时，其名称 page_id 和取值 example 将会被同时传递给处理程序。

接下来，我们来比较一下 method 的属性值为 get 和 post 的区别。以上代码显示的效果如图 3-10 所示。

此时，method 的属性值是 get，action 指定的是一个空页面，单击"提交"按钮，显示的效果如图 3-11 所示。

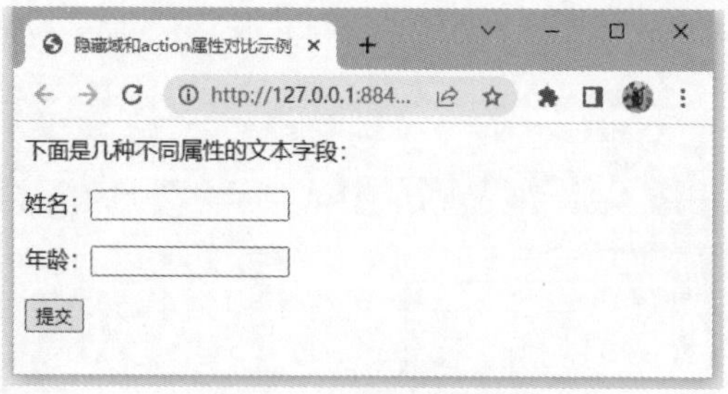

图 3-10 隐藏域示例

图 3-11 当 method 的属性值为 get 时的效果

若把 method 的属性值改为 post，地址栏中会出现什么效果？请读者自行判断，此处不再赘述。

9. 文件域

文件域用于查找硬盘中的文件路径，然后通过表单将选中的文件上传。在设置电子邮件的附件、上传头像、发送文件时，常常会用到这一控件。

创建文件域的语法格式如下。

```
<input type="file" name="文件域的名称">
```

创建一个文件域，代码如示例 3-5 所示。

示例 3-5：

```
<html>
<head><title>文件域示例</title></head>
<body>
    <form action="mailto:yu@163.com" name="research" method="post">
    下面是某网站的注册页面：
        <p>用  户  名:<input name="username" type="text" size=20></p>
        <p>密        码:<input name="password1" type="password"
          size=20></p>
        <p>请上传你的头像：<input type="file" name="picture"></p>
    </form>
</body>
</html>
```

效果如图 3-12 所示。

单击"选择文件"按钮后，会弹出如图 3-13 所示的"打开"对话框。

图 3-12　创建文件域

图 3-13　"打开"对话框

3.3.2　菜单列表类控件

<select>标签用于创建列表框或下拉列表，此标签必须与<option>标签结合使用，每个<option>标签代表一个列表项或菜单项，<select>标签中必须包含至少一个<option>标签。表 3-19 列出了<select>标签的属性。

表 3-19　<select>标签的属性

属性	说明
name	用于指定列表的名称，提交表单时，会将 name 属性与所选定的值一并提交
size	在有多种选项可供用户滚动查看时，size 用于确定列表中可同时查看的行数
multiple	表示在列表中可以选择多项

创建一个列表框和一个下拉列表，代码如示例 3-6 所示。

示例 3-6：

```
<html>
    <head>
        <title>注册页面</title>
    </head>
    <body>
        <form name="research" method="post" action="mailto:www@163.com">
            <p>注册页面 </p>
            <p>用户名：<input type="text" name="username" value="" size="15">
            <p>密　码：<input type="password" name="psd" size="15" maxlength="6">
            <p>性　别：
                <input type="radio" name="sex" value="male">男
                <input type="radio" name="sex" value="female">女
            <p>证件类型
                <select name="cardtype">
                    <option value="id_card">身份证</option>
                    <option value="stu_card">学生证</option>
                    <option value="drive_card">驾驶证</option>
```

```
                <option value="other_card">其他证件</option>
            </select>
        <p>关心的栏目
            <select name="content" size="3" multiple>
                <option value="m1">体育栏目</option>
                <option value="m2">科技栏目</option>
                <option value="m3">新闻栏目</option>
                <option value="m4">汽车栏目</option>
                <option value="m5">房产栏目</option>
            </select>
        <p>
            <input type="submit" name="b2" value="提交表单">
            <input type="reset" name="b3" value="重新填写">
        </form>
    </body>
</html>
```

效果如图 3-14 所示。

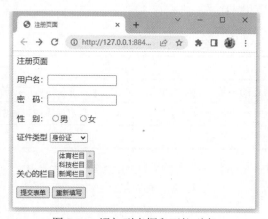

图 3-14　添加列表框和下拉列表

3.3.3　文本域

<textarea>标签用于创建多行文本输入控件，它以<textarea>开始，以</textarea>结束，在<textarea>和</textarea>之间的内容是该多行文本输入控件的初始值。表 3-20 列出了<textarea>标签的属性。

表 3-20　<textarea>标签的属性

属性	说明
name	用于设置文本域的名称
cols	用于设置文本域的宽度
rows	用于设置文本域包含的行数

例如，在 HTML 代码 body 部分插入如下代码：

您的意见对我很重要
    <textarea name="info" cols="35" rows="7">
    请将意见输入此区域
    </textarea>

运行后的效果如图 3-15 所示。

图 3-15　添加文本域

3.4　HTML5 新增表单输入类型

随着现代互联网技术的发展和快速应用，为了更好地进行输入控制和验证，简化网页的开发，HTML5 中新增了多个表单输入类型，从而大大降低了网页的开发难度。HTML5 中新增的比较常用的表单输入类型有 email 类型、number 类型、range 类型、search 类型和 url 类型。

目前，主流浏览器对这些输入类型并不能完全支持，不同的浏览器版本对这些类型的支持度也是不一样的。浏览器所支持的 HTML5 输入类型如表 3-21 所示。

表 3-21　浏览器所支持的 HTML5 输入类型

输入类型	IE	火狐(Firefox)	欧朋(Opera)	谷歌(Chrome)
email	不支持	4.0 及以上版本支持	9.0 及以上版本支持	10.0 及以上版本支持
number	不支持	不支持	9.0 及以上版本支持	7.0 及以上版本支持
range	不支持	不支持	9.0 及以上版本支持	4.0 及以上版本支持
search	不支持	4.0 及以上版本支持	11.0 及以上版本支持	10.0 及以上版本支持
url	不支持	4.0 及以上版本支持	9.0 及以上版本支持	10.0 及以上版本支持

从表 3-21 中可以看出，不是所有的浏览器都支持这些新增的输入类型，欧朋(Operea)浏览器对新增的输入类型的支持是最好的。HTML5 新增的输入类型也可以在其他浏览器中使用，即使不被支持，也会以常规的文本域显示。

3.4.1　email 类型

email 类型用于设置一个输入 E-mail 地址的输入框。在提交表单时，系统会自动验证输入的值是否是一个正确的邮箱地址，减少了用户自己校验所花费的时间和精力，提高了页面的开发效率。

创建一个 email 类型的输入框，代码如示例 3-7 所示。

示例 3-7：

```html
<html>
<head><title>邮件格式输入 email 类型</title></head>
<body>
    <form action="#" method="get" >
        姓名：<input type="text" name="user_name" value=""/>
        <p>性别：
            <input type="radio" name="sex" value="male">男
            <input type="radio" name="sex" value="female">女
        </p>
        email 类型:<input type="email" name="user_email" />      <br />
        <input type="submit" value="提交" align="center"/>
    </form>
</body>
</html>
```

接下来，使用谷歌浏览器进行预览，在 email 类型文本框中输入 liu 后，单击"提交"按钮，效果如图 3-16 所示。

系统提示我们缺少"@"邮件特殊符号，这就是 email 类型自动验证的功能。接下来添加符号"@"，效果如图 3-17 所示。

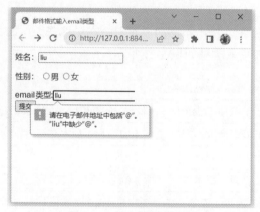

图 3-16　缺少符号"@"

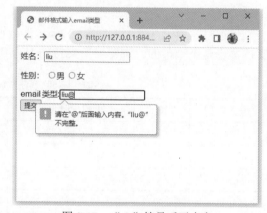

图 3-17　"@"符号后无内容

系统提示我们"@"特殊符号后缺少内容，此时根据提示添加完整内容，然后单击"提交"按钮，完成提交工作。

3.4.2　number 类型

number 类型的输入框用于对数值大小进行限定，其属性如表 3-22 所示。

表 3-22　number 类型的属性

属性	说明
max	用于设置 number 所能允许的最大值
min	用于设置 number 所能允许的最小值
step	用于设置合法数字之间的间隔
value	用于设置 number 的默认值

例如，在示例 3-7 中插入以下代码：

number 类型 ：<input type="number" name="number" min="2" max="20" step="3"/>

同样使用谷歌浏览器进行浏览，效果如图 3-18 所示。

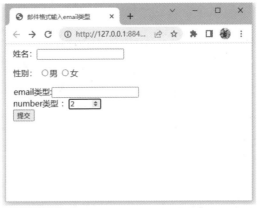

图 3-18　添加 number 类型的输入框

在图 3-18 中，当单击▲或▼按钮时，每次会在当前数值的基础上增加或减少 3，最小值为 2，最大值为 20。

3.4.3　range 类型

range 类型的输入框用于设置数值元素的区间范围，和 number 类型类似，不过是以一个滑动条的形式显示的，其属性如表 3-23 所示。

表 3-23　range 类型的属性

属性	说明
max	用于设置 range 所能允许的最大值
min	用于设置 range 所能允许的最小值
step	用于设置合法数字之间的间隔
value	用于设置 range 的默认值

例如，在示例 3-7 中插入以下代码：

range 类型：<input type="range" name="points" min="2" max="20" step="3"/>

效果如图 3-19 所示。

图 3-19　添加 range 类型的输入框

3.4.4　search 类型

search 类型的输入框用于对关键词进行搜索，如站点搜索或 Google 搜索。
在示例 3-7 中插入以下代码，即可添加 search 类型的输入框。

search 类型：<input type="search" name="search1" />

效果如图 3-20 所示。

图 3-20　添加 search 类型的输入框

3.4.5　url 类型

url 类型的输入框用于输入 URL 地址，并在提交表单时对其进行验证。
在示例 3-7 中插入以下代码，即可对 URL 地址进行验证。

URL 地址类型：<input type="url" name="user_url" />

输入 URL 地址，效果如图 3-21 所示。

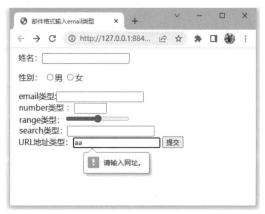

图 3-21　添加 url 类型的输入框

从图中可以看出输入的内容不符合要求，需要重新输入以"http://"开头的正确网址才能提交。

上机目标

- 使用表格进行页面布局。
- 使用表格和表单制作注册页。
- 使用表单制作登录页面。

上机练习

练习 1：使用表格进行页面布局。

【问题描述】

使用表格标签创建如图 3-22 所示的表格。

图 3-22　使用表格进行页面布局

【问题分析】
　　首先确定该表格的行数和列数，然后确定每行所包含的单元格个数，最后确定需要合并的单元格。
　　使用单元格(而不是表格)的 align=center 属性使单元格中的文字居中对齐。
　　利用所学的细线表格知识，先设置整个表格的背景颜色，再将表格边框设为0、间距设为1，最后设置每一行为另外一种背景颜色。

【参考步骤】
(1) 新建文本文档。
(2) 书写 HTML 网页框架，如下所示。

```
<html>
    <head>
        <meta charset="UTF-8">
        <title>无标题文档</title>
    </head>
    <body>
        <p>
            <table border="0" align="center" cellspacing="1" bgcolor="#999999">
                <tr bgcolor="#FFFFFF">
                    <td colspan="5">
                        <p align="center">价格表</p>
                    </td>
                </tr>
                <tr bgcolor="#FFFFFF">
                    <td colspan="2">
                        <p align="center">型号 </p>
                    </td>
                    <td>
                        <p align="center">容量 </p>
                    </td>
                    <td>
                        <p align="center">价格 </p>
                    </td>
                    <td width="78">
                        <p align="center">变化 </p>
                    </td>
                </tr>
                <tr bgcolor="#FFFFFF">
                    <td width="100" rowspan="3">
                        <p align="center"><img src="xs.jpg" width="80" height="80"></p>
                    </td>
                    <td width="100" rowspan="3">
                        <p align="center">miniplayer </p>
                    </td>
                    <td width="100">
```

```html
                    <p align="center">512MB </p>
                </td>
                <td width="100">
                    <p align="center">699 元 </p>
                </td>
                <td>
                    <p align="center">-</p>
                </td>
            </tr>
            <tr bgcolor="#FFFFFF">
                <td width="100">
                    <p align="center">1GB </p>
                </td>
                <td width="100">
                    <p align="center">850 元 </p>
                </td>
                <td>
                    <p align="center">-</p>
                </td>
            </tr>
            <tr bgcolor="#FFFFFF">
                <td width="100">
                    <p align="center">2GB </p>
                </td>
                <td width="100">
                    <p align="center">1099 元 </p>
                </td>
                <td align="center">-100 元 </td>
            </tr>
            <tr bgcolor="#FFFFFF">
                <td>
                    <p align="center">备注 </p>
                </td>
                <td colspan="4">
                    <p align="center">AAA 电池、FM、USB2.0 </p>
                </td>
            </tr>
        </table>
    </p>
  </body>
</html>
```

练习 2：使用表格和表单制作注册页。

【问题描述】

为了使表单看起来美观整齐，在实际开发中，需要使用表格来摆放表单控件。

【问题分析】

应该设置 10 行 2 列的表格,第一行的单元格占据 2 列(跨 2 列)。

【参考步骤】

参考代码如下所示。

```html
<html>
    <head>
        <title>表格和表单综合应用</title>
    </head>
    <body bgcolor="#E7E7E7">
        <form action="" method="post">
            <table width="400" border="0" align="center">
                <tr>
                    <td colspan="2" align="center">申请表</td>
                </tr>
                <tr>
                    <td>姓名</td>
                    <td><input type="text" name="EName" size="20" maxlength="30"
                            value=""/></td>
                </tr>
                <tr>
                    <td>性别</td>
                    <td><input type="radio" name="gender" value="male" checked />男
                        <input type="radio" name="gender" value="female" />女
                    </td>
                </tr>
                <tr>
                    <td>教育程度</td>
                    <td>
                        <input type="checkbox" name="zhuanke">专科
                        <input type="checkbox" name="benke">本科
                        <input type="checkbox" name="shuoshi">硕士
                        <input type="checkbox" name="boshi">博士
                    </td>
                </tr>
                <tr>
                    <td>月薪</td>
                    <td><input type="text" name="textfield2" /></td>
                </tr>
                <tr>
                    <td>附注</td>
                    <td><textarea rows="3" cols="30">请在这里输入附注</textarea></td>
                </tr>
                <tr>
                    <td>国籍</td>
                    <td>
                        <select name="select">
```

```
                    <option value="china">中国</option>
                    <option value="american">美国</option>
                    <option value="japan">日本</option>
                    <option value="singapore">新加坡</option>
                </select>
            </td>
        </tr>
        <tr>
            <td><input type="submit" name="Submit" value="提交" /></td>
            <td><input type="reset" name="reset" value="重置" /></td>
        </tr>
    </table>
</form>
</body>
</html>
```

上述代码的运行结果如图 3-23 所示。

图 3-23 表单和表格的综合应用

练习 3：使用表单制作登录页面。

【问题描述】

使用表单制作如图 3-24 所示的登录页面。邮件类型下拉菜单中的选项有免费邮箱、任你邮、U 币和会员中心。

图 3-24 登录页面

【问题分析】

首先创建一个<form>表单标签，然后添加字段标签，最后创建提交和重置按钮即可。需要注意的是，密码输入框要显示保密字符，邮箱类型需要设置为下拉列表。

【参考步骤】

(1) 新建文本文档。

(2) 书写 HTML 网页框架，代码如下。

```html
<html>
    <head>
        <title>使用表单制作登录页面</title>
    </head>
    <body>
        <form action="" method="post">
            <table width="400" border="0" align="center">
                <tr>
                    <td colspan="2">免费邮箱登录系统</td>
                </tr>
                <tr>
                    <td>用户名</td>
                    <td><input type="text" name="EName" size="20" maxlength="30" value="" /></td>
                </tr>
                <tr>
                    <td>密码</td>
                    <td><input type="password" name="EPassword" size="20" maxlength="30" value="" /></td>
                </tr>
                <tr>
                    <td>邮件类型</td>
                    <td>
                        <select name="select">
                            <option value="免费邮箱">免费邮箱</option>
                            <option value="任你邮">任你邮</option>
                            <option value="币">U 币</option>
                            <option value="会员中心">会员中心</option>
                        </select>
                    </td>
                </tr>
                <tr>
                    <td colspan="2">
                        会员<input type="checkbox" name="zhuanke">
                        非会员<input type="checkbox" name="benke">
                    </td>
                </tr>
                <tr>
                    <td><input type="submit" name="Submit" value="提交" /></td>
                    <td><input type="reset" name="reset" value="重置" /></td>
                </tr>
            </table>
        </form>
    </body>
</html>
```

单元自测

1. 有关以下代码的描述，正确的是(　　)。
   A. 该网页内容的第一行显示"表格"
   B. 1 和 2 的表格在同一行
   C. 1 和 3 的表格被合并为一个单元格
   D. 1 和 3 的表格在同一行

```
<html>
  <head>
    <title>表格</title>
  </head>
  <body>
    <table border="1">
      <tr>
        <td>1</td>
        <td>2</td>
      </tr>
      <tr>
        <td colspan="2">3</td>
      </tr>
    </table>
  </body>
</html>
```

2. (　　)标签用于在网页中创建表单。
   A. <input>　　　　B. <select>　　　　C. <form>　　　　D. <option>

3. 当列表框中有多个列表项时，如果用户希望同时查看三行，则下列代码正确的是(　　)。
   A. <select name="content" maxlength="3" >…</select>
   B. <select name="content" height="3" >…</select>
   C. <select name="content" size="3" >…</select>
   D. <select name="content" width="3" >…</select>

4. 若要在网页中插入密码域，并且输入的密码不能超过 6 位，则下列代码正确的是(　　)。
   A. <input type="password" size="6" >
   B. <input type="password" maxlength="6" >
   C. <input type="text" size="6" >
   D. <textarea maxlength="6"></textarea>

5. 在网页上，当表单中的<input>标签的 type 属性为 reset 时，用于创建(　　)按钮。
   A. 提交　　　　B. 重置　　　　C. 普通　　　　D. 以上都不对

单元小结

- 掌握表格标签和表单标签的用法。
- 掌握在表单中添加输入类控件、菜单列表类控件和文本域的方法。
- HTML5 新增的表单输入类型：email 类型、number 类型、range 类型、search 类型、url 类型。

完成工单

PJ03 完成广西文旅网站注册页面的布局

本项目重点介绍使用表单标签设计注册页面的方法。

PJ03 任务目标

完成注册页面的制作。

【任务分析】

正确使用表单控件。

【参考步骤】

(1) 创建新的 HTML 页面，命名为 register.html。

(2) 更改网页中<title>的值为"注册"。

(3) 修改 HTML 代码，如下所示。

```html
<!DOCTYPE html>
<html lang="zh">
<head>
    <meta charset="UTF-8">
    <meta http-equiv="X-UA-Compatible" content="IE=edge">
    <meta name="viewport" content="width=device-width, initial-scale=1.0">
    <title>注册</title>
</head>
<body>
    <div class="register">
        <div class="head">
            <a href="./html+css.html"><img src="./img/logo-login.png" alt=""></a>
        </div>
        <div class="title">
            <h1>注册</h1>
        </div>
        <form class="form">
            <div class="form-item">
                <input type="text" placeholder="请输入账户名">
```

```
                </div>
                <div class="form-item">
                    <input type="text" placeholder="请输入密码">
                </div>
                <div class="form-item agree">
                    <input type="checkbox">我已同意 <a href="#">《隐私条款》</a> 和<a href="#">《服务条款》</a>
                </div>
                <div class="form-item">
                    <button class="register-btn">注册</button>
                </div>
                <div class="form-item">
                    <a href="./register.html">已有账户，直接登录</a>
                </div>
            </form>
        </div>
    </body>
</html>
```

(4) 运行代码，结果如图 3-25 所示。

图 3-25　注册页面

PJ03 评分表

序号	考核模块	配分	评分标准
1	完成注册页面的布局	90 分	1. 使用表单标签(35 分) 2. 使用不同的表单控件(35 分) 3. 注册页面能在网站中正常显示(20 分)
2	编码规范	10 分	文件名、标签名、缩进等符合编码规范(10 分)

工单评价

任务名称		PJ03. 广西文旅网站注册页面的设计				
工号			姓名		日期	
设备配置			实训室		成绩	
工单任务		完成网站注册页面的布局。				
任务目标		使用常用的表格标签和表单标签对页面进行合理布局。				

任务编号	开始时间	完成时间	工作日志	完成情况
PJ03				

学生自我评价：
请根据任务完成情况进行自我评估，并提出改进方法。
技术方面

素养方面

教师评价：
1. 对学生的任务完成情况进行点评。

2. 学生本次任务的成绩。

名优特产模块的美化

项目简介

- 本项目主要通过对CSS样式的学习来完成广西文旅项目名优特产模块的制作和美化。
- 了解CSS的概念、基本语法。
- 了解CSS中美化页面的常用属性及其功能。

工单任务

任务名称	PJ04. 广西文旅项目名优特产模块的美化				
工号		姓名		日期	
设备配置		实训室		成绩	
工单任务	1. 完成广西文旅项目名优特产模块的布局。 2. 完成广西文旅项目名优特产模块的样式美化。				
任务目标	1. 正确使用标签,对页面进行合理的布局。 2. 选择正确的 CSS 属性,使页面的整体样式看起来整齐、美观。				

一、课程目标与素养发展

1. 技术目标

(1) 掌握 CSS 的概念、基本语法。
(2) 掌握 CSS 中美化页面的常用属性。

2. 素养目标

(1) 提升自身在实践中的动手能力。
(2) 提升自身的创意和设计能力。
(3) 高效地管理时间,提高自身的时间管理能力。

二、决策与计划

任务 1:完成广西文旅项目名优特产模块的布局。

【任务描述】
编写 HTML 代码及 CSS 样式完成广西文旅项目名优特产模块的布局。
【任务分析】
(1) 编写一个 DIV 盒子用于呈现名优特产模块,并使其在浏览器中水平居中。
(2) 可利用弹性布局,使得该模块中用于展示每个特产信息的盒子每行排列 5 个,并保留适当的外边距。

【任务完成示例】

任务2：完成广西文旅项目名优特产模块的样式美化

【任务描述】
利用所学的 CSS 样式对名优特产模块进行页面美化。

【任务分析】
(1) 对每个特产的 DIV 进行边框设置，居中显示产品名称等内容。
(2) 实现当鼠标指针经过图片时的放大效果。

【任务完成示例】

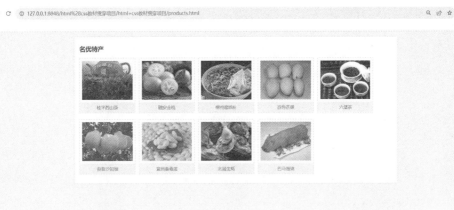

三、实施

1. 任务

内容	要求
完成广西文旅项目名优特产模块的布局	1. 正确书写 HTML 代码和 CSS 代码。 2. 一行显示 5 个特产的图文信息。
对名优特产模块进行页面美化	1. 对页面模块样式进一步优化。 2. 实现当鼠标经过图片时的放大效果。

2. 注意事项

(1) 编辑器使用 HBuilderX 2.6(或以上版本)或 VSCode 1.5(或以上版本)。

(2) 功能实现完整,并且调试无误

(3) 按编码规范进行编码。

工作手册

随着网页设计技术的发展，人们已经不满足于原有的一些 HTML 标签，而是希望能够为页面内容添加一些更加绚丽的属性，如鼠标标记、渐变效果等。CSS 技术的发展使这些想法变成了现实。

4.1 初步认识 CSS

随着网页设计技术的飞速发展，人们渐渐地不再满足于一些简单的页面效果，更希望页面美观且便于浏览。随着人们日益增长的页面浏览需求，一种叫作层叠样式表的计算机语言出现在大众的视野中。

4.1.1 什么是 CSS

CSS(cascading style sheet，层叠样式表)是一种用来表现 HTML 或 XML 等文件样式的计算机语言。网页是由内容和格式组成的，网页上的文字和图片是内容，文字的大小、字体、颜色等都是格式，而样式表就是一种控制网页格式的技术。CSS 不但可以静态地修饰网页，还可以配合各种脚本语言动态地对网页元素进行格式化。在制作网页时使用 CSS 技术，可以对页面布局、字体、颜色、背景和其他效果进行更加精确的控制。CSS 文件其实是一种文本文件，后缀是.css，只是采用 CSS 的语法规则来写，便于浏览器识别。在实际应用中，可以将 HTML 代码和 CSS 代码分开编写，做到内容和格式相分离，互不干扰，条理也更加清晰。随着越来越多的浏览器支持 CSS，CSS 的作用也日益凸显，因此它和 HTML、JavasCript 组成了网页制作的三大元素。

4.1.2 CSS 发展简史

1. CSS 出现的原因

1990 年，Tim Berners-Lee 和 Robert Cailliau 共同发明了 Web。1994 年，Web 开始进入人们的生活。从 HTML 被发明开始，样式就以各种形式存在，只是最初的 HTML 只包含很少的显示属性。而随着 HTML 的发展，HTML 中添加了更多的显示功能，HTML 变得越来越杂乱，HTML 页面也越来越臃肿。为了改善这种情况，人们开始寻找解决办法，于是 CSS 便诞生了。

2. CSS 1

1994年，哈肯·维姆·莱在芝加哥的一次会议上第一次提出了CSS的建议，而当时伯特·波斯正在设计一款名为Argo的浏览器，于是他们决定共同设计CSS。1995年，WWW网络会议上CSS又一次被提出，波斯演示了Argo浏览器支持CSS的例子，哈肯也展示了支持CSS的Arena浏览器。同年，W3C组织成立。1996年底，CSS初稿已经完成，同年12月，层叠样式表的第一份正式标准(CSS1)完成，成为W3C的推荐标准。

3. CSS 2

1997年初，W3C组织成立了专管CSS的工作组，负责人是克里斯·里雷，该工作组讨论出了一套内容和表现效果分离的方式，于1998年5月推出了CSS2版本。

4. CSS3

CSS3是CSS技术的升级版本，于1999年开始制定，2001年5月23日W3C完成了CSS3的工作草案，主要包括盒子模型、列表模块、超链接方式、语言模块、背景、边框、文字特效、多栏布局等。CSS3提供了一些新的特性及功能，有助于减少开发成本和维护成本，提升页面的性能。

4.1.3 CSS 基本语法

CSS的语法结构如下所示。

选择器{样式属性:属性值;样式属性:属性值;}

例如，定义HTML标签中h2的样式，代码如图4-1所示。

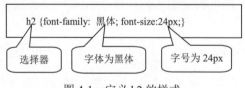

图 4-1 定义 h2 的样式

4.2 CSS 语法结构分析

4.2.1 CSS 属性

CSS的属性很多，表4-1列出了常用的CSS属性。

表 4-1 常用的 CSS 属性

属性	CSS 名称	说明
字体属性	font-family	用于设置或检索文本的字体
	font-size	用于设置或检索文本的大小
	font-style	用于设置或检索文本的字体样式，即字体风格，主要设置字体是否为斜体。取值：normal、italic、oblique
	font-weight	用于设置文本的粗细，取值：normal、bold、bolder、lighter、number
颜色及背景属性	color	用于设置文本的颜色
	background-color	用于设置背景颜色
	background-image	用于设置背景图像
文本属性	text-align	用于设置文本的对齐方式，如左对齐、右对齐、居中对齐、两端对齐
	text-indent	用于设置文本第一行的缩进量，取值可以是一个长度或一个百分比
	vertical-align	用于设置文本的纵向位置
边框属性	border-style	用于设置边框的样式
	border-width	用于设置边框的宽度
	border-color	用于设置边框的颜色
	border-left	用于设置左边框的样式
尺寸及定位属性	width	用于设置元素的宽度
	height	用于设置元素的高度
	left	用于设置元素的左边距
	top	用于设置元素的顶边距
	position	用于设置元素的定位方式，absolute 表示绝对定位，需要同时使用 left、right、top、bottom 等属性进行绝对定位
	z-index	用于设置元素的层叠顺序和覆盖关系

4.2.2　CSS 选择器

CSS 选择器大致可分为元素选择器、群组选择器、包含选择器、class 选择器、ID 选择器、子元素选择器、相邻兄弟选择器、伪类选择器、通配选择器等，下面将逐一讲解这几种选择器的使用方法。

1. 元素选择器

最常见的 CSS 选择器是元素选择器。文档中的元素就是基本的选择器，如果要设置 HTML 的样式，选择器通常是某个 HTML 元素，如 p、h1、em、a，甚至可以是 HTML 本身。元素选择器的使用代码如示例 4-1 所示。

示例 4-1：

```
<html>
<head>
<style type="text/css">
    html {color:black;}
    h1 {color:blue;}
    h2 {color:silver;}
</style>
</head>
<body>
    <h1>这是 heading 1</h1>
    <h2>这是 heading 2</h2>
    <p>这是一段普通的段落。</p>
</body>
</html>
```

在浏览器中的输出结果如图 4-2 所示。

图 4-2　元素选择器示例

在 W3C 标准中，元素选择器又称为类型选择器(type selector)。类型选择器匹配文档语言元素类型的名称，也匹配文档树中该元素类型的每一个实例。

下面的规则匹配文档树中所有 h1 元素。

```
h1 {font-family:sans-serif;}
```

2. 群组选择器

假设希望 h2 元素和段落都显示为灰色，最简单的做法是进行以下声明。

```
h2, p {color:gray;}
```

将 h2 和 p 选择器放在规则左边，用逗号分隔，就定义了一个规则。右边的样式 (color:gray;)将应用这两个选择器所引用的元素。逗号用于"告诉"浏览器规则中包含两个不同的选择器。如果没有逗号，那么规则的含义将完全不同，具体请参见后代选择器。用户还可以将任意多个选择器组合在一起，对此没有任何限制。

例如，如果用户想把很多元素显示为灰色，则可以使用类似如下的规则。

```
body, h2, p, table, th, td, pre, strong, em {color:gray;}
```

注意:

通过分组，可以将某些类型的样式"压缩"在一起，这样就可以得到更简洁的样式表。

以下两组规则能得到同样的结果，不过可以很清楚地看出哪组写起来更容易。

```
h1 {color:blue;}
h2 {color:blue;}
h3 {color:blue;}
h4 {color:blue;}
h5 {color:blue;}
h6 {color:blue;}

h1, h2, h3, h4, h5, h6 {color:blue;}
```

3. 包含选择器

包含选择器又称为后代选择器，后代选择器可以选择作为某元素后代的元素。

用户可以定义后代选择器来创建一些规则，使这些规则在某些文档结构中起作用，而在另外一些结构中不起作用。

例如，如果用户希望只对 h1 元素中的 em 元素应用样式，则可以进行以下声明。

```
h1 em {color:red;}
```

此规则会把作为 h1 元素后代的 em 元素的文本变为红色，而其他 em 文本(如段落或块引用中的 em)则不会被此规则选中。

```
<h1>This is a <em>important</em> heading</h1>
<p>This is a <em>important</em> paragraph</p>
```

当然，用户也可以在 h1 的每个 em 元素上添加一个 class 属性，显而易见，后代选择器的效率更高。

4. class 选择器

如果有两个不同类别的标签，如<p>和<h2>标签，它们都采用了相同的样式，如何允许它们也共享同一样式呢？此时，可以采用 class 选择器(也称为类选择器)。

class 选择器的定义格式如下。

```
.类名
{
    样式属性:取值;
    样式属性:取值;
    …
}
```

注意:

类名前面有"."，类的名称可以是任意英文单词，或者是以英文开头的英文与数字的组合，一般以其功能和效果命名。

但是，与直接定义 HTML 中的标记样式不同的是，这种格式仅仅定义了样式，并没有应用样式，如果要应用样式中的某个类，还需要在正文中添加如下代码。

```
<p class="类名">…</p>
<h2 class="类名">…</h2>
```

示例 4-2 定义了 text 类选择器。

示例 4-2：

```
<html>
<head>
<title>内嵌样式表类选择器示例</title>
<style type="text/css">
.text{
    font-family:隶书;
    text-decoration:underline;
}
</style>
</head>
<body>
<h2 class="text">梅花——花中君子</h2>
<p>    梅花树的枝干不是很粗，但长得很独特。它们很少像其他树的枝干那样笔直地伸展开，而多是曲曲折折、盘旋而上。每年大地将要复苏时，深褐色的老枝上便会抽出一些挺拔的新枝。</p>
<p class="text">    梅花的种类很多，有白如雪的白梅；有粉如霞的宫粉梅；有晶莹如玉的绿萼梅……</p>
</body>
</html>
```

在浏览器中查看该 HTML 页面时，其输出结果如图 4-3 所示。

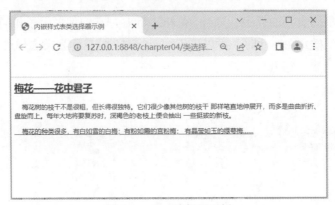

图 4-3　class 选择器示例

<h2>和第二个<p>标签都采用了 text 类选择器,因此字体为隶书,并带下画线。而第一个<p>标签没有采用任何样式,因此按默认样式显示。

由此例可以看出,不同类别的标签可以使用同一类选择器,同一类标签也可以采用不同的类选择器,类选择器实现了样式的灵活共享。

5. ID 选择器

ID 选择器依据 HTML 标签中设定的 ID 属性来精准地选取对应的元素。

ID 选择器的定义格式如下。

```
#ID 名
{
    …样式规则;
}
```

注意:

ID 名前面有#,ID 的名称可以任意取名,但在整个网页中必须唯一,不能重名。

如果希望某个标签采用该 ID 选择器的样式,其语法格式如下。

```
<p ID=" ID 名">…</p>
<h2 ID=" ID 名">…</h2>
```

示例 4-3 定义了 text 类选择器。

示例 4-3:

```
<html>
<head>
<title>ID 选择器示例</title>
<style type="text/css">
#text{
    font-family:隶书;
    text-decoration:underline;
}
</style>
</head>
<body>
<h2 ID="text">梅花——花中君子</h2>
<p ID="text">    梅花树的枝干不是很粗,但长得很独特。它们很少像其他树的枝干那样笔直地伸展开,而多是曲曲折折、盘旋而上。每年大地将要复苏时,深褐色的老枝上便会抽出一些挺拔的新枝。</p>
<p >    梅花的种类很多,有白如雪的白梅;有粉如霞的宫粉梅;有晶莹如玉的绿萼梅……</p>
</body>
</html>
```

在浏览器中查看该 HTML 页面时，其输出结果如图 4-4 所示。

图 4-4　ID 选择器示例

由于 ID 选择器的功能与 class 选择器一样，并且有时容易与 HTML 标签的 ID 属性相冲突，因此一般不推荐使用 ID 选择器。

6. 子元素选择器

子元素选择器(child selector)只能选择作为某元素子元素的元素(IE6 不支持子元素选择器)。如果用户不希望选择任意的后代元素，而是希望缩小范围，只选择某个元素的子元素，那么可使用子元素选择器。

例如，如果用户希望选择只作为 h1 元素子元素的 strong 元素，则可以进行以下声明。

```
h1 > strong {color:red;}
```

这个规则会把第一个 h1 下面的 strong 元素变为红色，但是第二个 strong 不受影响。

```
<h1>This is <strong>very</strong> important.</h1>
<h1>This is <em>really <strong>very</strong></em> important.</h1>
```

7. 相邻兄弟选择器

如果需要选择紧接在另一个元素后的元素，而且两者有相同的父元素，则可以使用相邻兄弟选择器(adjacent sibling selector)。

例如，如果要增加紧接在 h1 元素后出现的段落的上边距，则可以进行以下声明。

```
h1 + p {margin-top:50px;}
```

这个选择器读作：选择紧接在 h1 元素后出现的段落，h1 和 p 元素拥有共同的父元素。请看示例 4-4 中的文档树片段。

示例 4-4：

```
<div>
  <ul>
    <li>List item 1</li>
```

```
        <li>List item 2</li>
        <li>List item 3</li>
    </ul>
    <ol>
        <li>List item 1</li>
        <li>List item 2</li>
        <li>List item 3</li>
    </ol>
</div>
```

在上面的片段中，div 元素包含两个列表：一个无序列表，一个有序列表。每个列表都包含 3 个列表项，这两个列表是相邻兄弟，列表项本身也是相邻兄弟。不过，第 1 个列表中的列表项与第 2 个列表中的列表项不是相邻兄弟，因为这两组列表项不属于同一父元素。

请记住，用一个结合符只能选择两个相邻兄弟中的第 2 个元素。请看下面的选择器。

```
li + li {font-weight:bold;}
```

上面这个选择器只会把列表中的第 2 个和第 3 个列表项变为粗体，第一个列表项不受影响。

相邻兄弟结合符还可以与其他结合符结合。请看下面的选择器。

```
html > body table + ul {margin-top:20px;}
```

这个选择器读作：选择紧接在 table 元素后出现的所有兄弟 ul 元素，该 table 元素包含在一个 body 元素中，body 元素本身是 html 元素的子元素。

8. 伪类选择器

伪类选择器是一种特殊的选择器，用于指定某个标签的个别属性的样式。常见的应用就是超链接，超链接最初不带下画线；当用户将鼠标指针移动至超链接的上方时，便会显示红色的下画线；当用户单击时超链接又变成绿色，并且不带下画线。代码如示例 4-5 所示，效果如图 4-5～图 4-7 所示。

示例 4-5：

```
<html>
<head>
<title>无标题文档</title>
<style type="text/css">
a{     /* 设置超链接不带下画线，text-decoration 表示对文本修饰*/
    color:blue;
    text-decoration:none;
}
a:hover{    /* 鼠标指针在超链接上悬停时，带下画线*/
    color:red;
    text-decoration:underline;
}
```

```
a:active{     /* 单击链接时，颜色为绿色，不带下画线*/
    color:green;
    text-decoration:none;
}
</style>
</head>
<body>
<a href="http://www.163.com">我是超链接，移过来后再单击我试试看</a>
</body>
</html>
```

图 4-5　不带下画线的超链接

图 4-6　鼠标指针悬停时显示下画线

图 4-7　单击时不带下画线

伪对象也叫伪元素，用于给某些选择器设置特殊效果。

伪元素的语法格式如下。

selector:pseudo-element {property:value;}

":first-line"伪元素用于给文本的首行设置特殊样式。

在示例 4-6 中，浏览器会根据":first-line"伪元素中的样式对 p 元素的第一行文本进行格式化。

示例 4-6：

```
p:first-line
{
    color:#ff0000;
```

```
        font-variant:small-caps;
}
```

伪元素可以与 CSS 类配合使用。在示例 4-7 中，所有 class 为 article 的段落的首字母将变为红色。

示例 4-7：

```
p.article:first-letter
{
    color: #FF0000;
}
<p class="article">This is a paragraph in an article。</p>
```

多个伪元素可以结合使用。在示例 4-8 中，段落的第一个字母将显示为红色，其字号为 xx-large。第一行中的其余文本将为蓝色，并以小型大写字母显示。段落中的其余文本将以默认的字号和颜色来显示。

示例 4-8：

```
p:first-letter
{
    color:#ff0000;
    font-size:xx-large;
}
p:first-line
{
    color:#0000ff;
    font-variant:small-caps;
}
```

9. 通配选择器

通配选择器使用符号*表示，用来匹配文档中的所有标签。
例如：

```
*{ font-size: 12px; }
```

该例表示将网页中所有元素的字号定义为 12 像素。当然，这仅仅是举例，一般不会做这么极端的定义。
在实际应用中，下面的情况比较常见。

```
*{
    margin: 0;
    padding: 0;
}
```

该例是将所有元素的外边距和内边距先都定义为 0，在具体需要设定内外边距时再具体定义。通过该例可以看出，通配选择器的作用主要是对元素进行统一预设定。

通配选择器也可以用于选择器组合中，例如：

div *{ color: #FF0000; }

该例表示在<div>标签内的所有文本颜色为红色。

有一种例外的情况，如下所示。

body *{ font-size:120%; }

这时它表示相乘，当然 body 也可以换成其他选择器标签。由于这种效果受多种因素影响，一般不常使用。

4.3 CSS 美化页面

我们从网页上看到的一些漂亮的样式，其实是由 CSS 呈现的，CSS 技术有助于人们控制网页中文字的样式和大小、页面宽度、页面内容的位置、背景图片、背景颜色、图片的呈现等，从而使网页更加美观。

4.3.1 美化网页文字

当打开一个网页时，我们会发现网页中文字的字体不是完全一致的，文字的颜色、大小、间距、对齐方式、粗细等也是不相同的，这是因为网页中的文字通过 CSS 技术进行了美化操作，如示例 4-9 所示。

示例 4-9：

```
<html>
<head>
<meta charset="UTF-8">
<title>使用 CSS 美化文字</title>
<style type="text/css">
    span{text-decoration: underline;}
    p.word1{font-family: "微软雅黑";text-indent: 5em;}
    p.word2{font-size: 200%;text-align: center;}
    p.word3{font-variant:small-caps ; background-color: burlywood;}
    p.word4{font-weight: bolder;color: orangered;}
</style>
</head>
<body>
    <h1>使用 CSS 来美化文字</h1>
    <span>修饰文本</span>
    <p class="word1">reading makes a full man</p>
    <p class="word2">conference a ready man</p>
```

```
        <p class="word3">writing an exact man</p>
        <p class="word4">modesty helps one to go forward</p>
    </body>
</html>
```

IE 浏览器对有些属性难以支持,为了呈现良好的效果,在本项目中统一使用谷歌浏览器进行浏览。在示例 4-9 中,通过浏览器查看 HTML 页面,输出结果如图 4-8 所示。

图 4-8　使用 CSS 美化文字

在示例 4-9 中,各属性的含义如下。

font-family 属性用于定义文本的字体系列,在 CSS 中有两种不同类型的字体系列名称,分别是通用字体系列(拥有相似外观的字体系统组合)和特定字体系列(具体的字体系列)。CSS 共定义了 5 种通用字体,分别是 Serif、Sans-serif、Monospace、Cursive 和 Fantasy。本例中,定义文本的指定字体系列为微软雅黑。

font-size 属性用于设置文字的大小,font-size 值可以是绝对值或相对值。当值为绝对值时,需要将文字设置为指定的大小,不允许用户在浏览器中改变文字大小;当为相对值时,需要相对于周围的元素来设置文字大小,允许用户在浏览器中改变文字大小。如果没有设置文字大小,普通文本默认大小是 16 像素。

font-variant 属性用于将小写字母转化为小型大写字母。也就是说,所有的小写字母都会转换为大写,但是转换后的字母与其他文本相比,尺寸会更小。

font-weight 属性用于设置文本的粗细程度。

text-indent 属性用于设置文本块中首行文本的缩进。

text-align 属性用于设置文本的对齐方式,其值有 left、right、center 等,分别是左对齐、右对齐、居中对齐。其中,左对齐是默认值。

background-color 属性用于定义背景颜色。

color 属性用于定义文本颜色。

text-decoration 属性用于向文本添加修饰,其值有 none、underline、overline、line-through、blink 等,分别是无修饰、文本下有一条横线、文本上有一条横线、一条横线穿过文本、文本闪烁。其中,none 是默认值。

4.3.2 美化网页按钮

按钮也是网页中常见的元素,但默认的样式有时和页面整体效果不协调,需要将其美化一下。下面以 5 个按钮为例进行说明,代码如示例 4-10 所示,效果如图 4-9 所示。

示例 4-10:

```css
.btn02 {
    background: #fff url(btn_bg2.gif) 0 0;
    height: 22px;
    width: 55px;
    color: #297405;
    border: 1px solid #90be4a;
    font-size: 12px;
    font-weight: bold;
    line-height: 180%;
    cursor: pointer;
}

.btn04 {
    background: url(btn_bg2.gif) 0 -24px;
    width: 70px;
    height: 22px;
    color: #9a4501;
    border: 1px solid #dbb119;
    font-size: 12px;
    line-height: 160%;
    cursor: pointer;
}

.btn07 {
    background: url(submit_bg.gif) 0px -8px;
    border: 1px solid #cfab25;
    height: 32px;
    font-weight: bold;
    padding-top: 2px;
    cursor: pointer;
    font-size: 14px;
    color: #660000;
}

.btn08 {
    background: url(submit_bg.gif) 0px -64px;
    border: 1px solid #8b9c56;
    height: 32px;
    font-weight: bold;
```

```
            padding-top: 2px;
            cursor: pointer;
            font-size: 14px;
            color: #360;
        }

        .btn09 {
            background: url(http://www.aa25.cn/upload/2010-08/14/014304_btn_bg.gif) 0 0 no-repeat;
            width: 107px;
            height: 37px;
            border: none;
            font-size: 14px;
            font-weight: bold;
            color: #d84700;
            cursor: pointer;
        }
```

图 4-9　示例按钮

在图 4-9 中，前两个为固定宽度的按钮，可以根据需要随意调整；中间两个为自适应宽度的按钮，按钮的亮度会随文字的多少发生变化。这 4 个按钮都是采用一个背景图片横向循环实现的，因此宽度不受限制。最后一个按钮完全采用背景图片，因此宽度需要固定，否则会影响美观。需要注意的是这种按钮样式需要去掉边框。使用这种按钮样式设计的好处在于，即使 CSS 样式表未加载，按钮也会显示默认样式，让用户清楚地知道这是一个按钮，样式表正常加载后，按钮会呈现更加美观的样式。

完整的代码如下所示。

```
<!DOCTYPE html>
<head>
    <meta charset="UTF-8" />
    <style type="text/css">
        .btn02 {
            background: #fff url(btn_bg2.gif) 0 0;
            height: 22px;
            width: 55px;
            color: #297405;
```

```css
        border: 1px solid #90be4a;
        font-size: 12px;
        font-weight: bold;
        line-height: 180%;
        cursor: pointer;
}

.btn04 {
        background: url(btn_bg2.gif) 0 -24px;
        width: 70px;
        height: 22px;
        color: #9a4501;
        border: 1px solid #dbb119;
        font-size: 12px;
        line-height: 160%;
        cursor: pointer;
}

.btn07 {
        background: url(submit_bg.gif) 0px -8px;
        border: 1px solid #cfab25;
        height: 32px;
        font-weight: bold;
        padding-top: 2px;
        cursor: pointer;
        font-size: 14px;
        color: #660000;
}

.btn08 {
        background: url(submit_bg.gif) 0px -64px;
        border: 1px solid #8b9c56;
        height: 32px;
        font-weight: bold;
        padding-top: 2px;
        cursor: pointer;
        font-size: 14px;
        color: #360;
}

.btn09 {
        background: url(btn.gif) 0 0 no-repeat;
        width: 107px;
        height: 37px;
        border: none;
        font-size: 14px;
        font-weight: bold;
```

```
                color: #d84700;
                cursor: pointer;
            }
        </style>
    </head>
    <body>
        <p>
            <input name="button" type="submit" class="btn02" id="button" value="提交" />
        </p>
        <p>
            <input name="button2" type="submit" class="btn04" id="button2" value="提交" />
        </p>
        <p>
            <input name="button" type="submit" class="btn07" id="button" value="提交" />
        </p>
        <p>
            <input name="button2" type="submit" class="btn08" id="button2" value="看看我的宽度有多宽" />
        </p>
        <p>
            <input name="button" type="submit" class="btn09" id="button" value="免费注册" />
        </p>
    </body>
</html>
```

4.3.3 美化网页图片

大多数网页中常常会包含许多图片,这些图片以不同的展示效果丰富了页面的内容,使用户能够更直观地了解页面所传达的信息。相比过去单调枯燥的纯文本页面,这种图文并茂的页面更具吸引力。图片的不同展示效果都可以通过 CSS 技术来呈现,如示例 4-11 所示。

示例 4-11:

```
<html>
<head>
<meta charset="UTF-8">
<title>CSS 美化图片</title>
<style type="text/css">
    img{width: 100px;border: 3px solid red;}
    .fillet{border-radius: 20px;}
    .oval{border-radius: 50%;}
    .thumb{border: 1px solid #ddd; border-radius: 4px; padding: 5px;}
    .filter{filter: brightness(50%);}
</style>
</head>
<body>
```

```
        <h3>美化图片</h3>
        <img src="../img/flh.jpg" alt="火梨花" />
        <img class="fillet" src="../img/flh.jpg" alt="火梨花" />
        <img class="oval" src="../img/flh.jpg" alt="火梨花" />
        <img class="thumb" src="../img/flh.jpg" alt="火梨花" />
        <img class="filter" src="../img/flh.jpg" alt="火梨花" />
    </body>
</html>
```

在谷歌浏览器中查看该 HTML 页面，输出结果如图 4-10 所示。

在图 4-10 中，第一排第一张图片是未加修饰的图片；第二张图片使用 border-radius 属性进行修饰，使其呈圆角显示；第三张图片呈椭圆显示；第二排第一张图片是以缩略图显示的；第二排第二张图片使用 filter 属性为元素添加了可视效果。每张图片呈现的效果都不一样，通过美化图片，可以使网页更加美观。

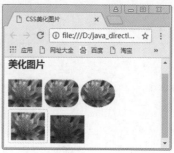

图 4-10 使用 CSS 美化图片

4.3.4 美化网页背景

有时为了区别网页上的一些元素或为了使某些元素更加醒目，人们通常会为其添加背景，如示例 4-12 所示。

示例 4-12：

```
<html>
<head>
<meta charset="UTF-8">
<title>CSS 美化背景</title>
<style type="text/css">
        h3{background-color: cornflowerblue;}
        .imgs{background-image:url(../img/xiaotubiao.png);width:100px;padding:20px;
background-repeat: repeat;}
</style>
</head>
<body>
        <h3>国家富强，民族振兴，人民幸福。</h3>
        <p class="imgs">富强、民主、文明、和谐、自由、平等、公正、法治、爱国、敬业、诚信、友善
        </p>
</body>
</html>
```

在浏览器中查看该 HTML 页面，输出效果如图 4-11 所示。

在示例 4-12 中，各属性的含义如下。

background-color 属性用来设置文本的背景颜色，为了使页面更美观，可以选用不同的颜色。

background-image 属性用于为元素设置背景图像，url 指向图像的路径。

background- repeat 属性用于定义背景图像的平铺模式，其值有 repeat、repeat-x、repeat-y、no-repeat，分别是背景图片将在垂直和水平方向重复、背景图像在水平方向重复、背景图像在垂直方向重复、背景图像仅显示一次。其中，repeat 是默认值。

图 4-11　使用 CSS 美化背景

4.3.5　美化网页边框

在 HTML 中，人们通常使用表格来创建文本周围的边框，现在人们可以使用 CSS 创建各种各样的边框，并且可以应用于任何元素。元素的边框就是围绕元素内容和内边距的一条或多条线，通过 CSS 可以对边框的样式、宽度、颜色等进行调整，如示例 4-13 所示。

示例 4-13：

```
<html>
<head>
<meta charset="UTF-8">
<title>CSS 美化边框</title>
<style type="text/css">
    .first{border-style: dashed double solid dotted; border-width: 5px;
    border-color: blue red gold cyan;}
</style>
</head>
<body>
    <h3>CSS 美化边框</h3>
    <p class="first">Nothing is too difficult if you put your heart into
    it</p>
</body>
</html>
```

在浏览器中查看该 HTML 页面，输出效果如图 4-12 所示。

在示例 4-13 中，各属性的含义如下。

border-style 属性用于定义边框的样式，可以定义一种或多种样式。当定义为多种样式时，各样式中间用空格隔开，其值默认按 top-right-bottom-left 的顺序进行设置，也就是上、右、下、左的顺序；当定义为一种样式时，可以使用单边边框样式属性

图 4-12　使用 CSS 美化边框

border-top-style、border-right-style、border-bottom-style、border-left-style 来设置。

border-width 属性用于设置边框的宽度，可以直接赋值，如 5px、2em 等，也可以设置为 thin、medium、thick，其中 medium 是默认值。在设置边框宽度前，一定要设置边框样式。边框样式 border-style 的默认值是 none，如果不设置边框样式，就无法看到边框。

border-color 属性用来设置边框的颜色，最多可以一次设置 4 个颜色值，颜色值可以是颜色名称、十六进制颜色值、RGB 值，边框的默认颜色是声明的文本颜色。如果没有文本，那么边框的颜色是父元素的文本颜色，父元素可能是 body 或其他。

4.3.6 美化网页表格

在网页中，表格有各种不同的呈现方式，它在丰富网页内容的同时也使网页结构更加合理，更符合人们的浏览习惯。大家可以使用 CSS 对表格进行美化，如示例 4-14 所示。

示例 4-14：

```
<html>
<head>
<meta charset="UTF-8">
<title>CSS 美化表格</title>
<style type="text/css">
    table{border-collapse: collapse; width: 100%;}
    table,th,td{border: 1px solid blue;}
    th{height: 30px; background-color: powderblue; color: brown;}
    td{text-align: center;padding: 20px;}
</style>
</head>
<body>
    <table>
        <tr><th>姓名</th><th>性别</th></tr>
        <tr><td>雷军</td><td>男</td></tr>
        <tr><td>董明珠</td><td>女</td></tr>
    </table>
</body>
</html>
```

在浏览器中查看该 HTML 页面，输出效果如图 4-13 所示。

在示例 4-14 中，border-collapse 属性用来设置是否把表格边框合并成单一边框，其值为 separate、collapse，分别是边框被分开、边框合并为一个单一边框，其中 separate 是默认值，大家可以根据需求进行相应的设置。

图 4-13 使用 CSS 美化表格

4.3.7 美化网页表单

表单是网页上用于输入信息的区域，它的主要功能是收集用户信息，并将这些信息传递给后台服务器，实现网页与用户的交互。常见的注册页面、登录页面等大多是以表单的形式存在的。大家可以使用 CSS 对表单进行美化，如示例 4-15 所示。

示例 4-15：

```
<html>
<head>
<meta charset="UTF-8">
<title>CSS 美化表单</title>
<style type="text/css">
   table{border: 1px solid royalblue;border-radius: 8px;background-color: lightyellow;} td{text-align: center;}
   input{background-color: lightblue;}
   .sub{background-color:darkgray;font-family: "宋体";font-size:20px ;}
     .res{background-color: orangered; font-size: 20px;}
</style>
</head>
<body>
   <form name="form1" method="post" action="">
   <table>
   <tr><td>姓名：</td><td><input type="text" name="username"></td>
   </tr>
   <tr><td>密码：</td>
   <td><input type="password" name="password"></td></tr>
   <tr><td colspan="2" class="btn">
   <input class="sub" type="submit" name="commit" value="登录" />
   <input class="res" type="reset" name="reset" value="重置"></td></tr>
   </table></form>
</body>
</html>
```

在浏览器中查看该 HTML 页面，输出效果如图 4-14 所示。

图 4-14 使用 CSS 美化表单

通过 CSS 美化后的表单，无论是文本字体、表格，还是按钮，都显得更加美观、易读。

4.3.8 美化网页导航栏

导航栏是现行主流网站都必须具备的，通过导航栏，人们可以非常直观地了解到该网站所要表达的主要内容，因此，有一个漂亮的导航栏对于每个网站都是非常重要的。大家可以使用 CSS 对导航栏进行美化，如示例 4-16 所示。

示例 4-16：

```
<html>
<head>
<meta charset="UTF-8">
<title>CSS 美化导航栏</title>
<style type="text/css">
    ul{list-style-type: none;margin: 0; padding: 0;}
    li{float: left;}
    a:link,a:visited{display:block;width:100px;background-color:
    #FF7B00;color: white;text-decoration: none;font-weight: bold;}
    a:hover,a:active{background-color:cornflowerblue;}
</style>
</head>
<body>
  <ul>
    <li><a href="CSS 美化图片.html">CSS 美化图片</a></li>
    <li><a href="CSS 美化背景.html">CSS 美化背景</a></li>
    <li><a href="CSS 美化表单.html">CSS 美化表单</a></li>
    <li><a href="CSS 美化表格.html">CSS 美化表格</a></li>
    <li><a href="CSS 美化文字.html">CSS 美化文字</a></li>
  </ul>
</body>
</html>
```

在浏览器中查看该 HTML 页面，输出效果如图 4-15 所示。

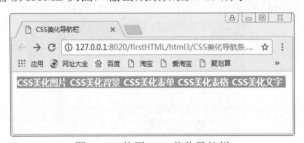

图 4-15　使用 CSS 美化导航栏

当把鼠标指针悬停在导航栏上时，其效果如图 4-16 所示。

图 4-16　鼠标指针悬停显示

在示例 4-16 中，各属性的含义如下。

list-style-type 属性用来设置列表项标记的类型，其值为 none(无标记)、disc(实心圆标记)、circle(空心圆标记)、square(实心方块标记)。其中，disc 是默认值。

display 属性用来设置元素的显示方式，如果值为 none，则不会显示元素；如果值为 block，则元素显示为块级元素，元素前后会带有换行符；默认值是 inline，元素显示为内联元素，元素前后无换行符。

在示例 4-16 中，当鼠标指针悬停在导航栏中的某一项上时，其背景颜色改变了，这样设计的导航栏不仅更加醒目，也易于发现当前访问的页面所对应的导航项。

4.3.9 美化下拉菜单

网页中的导航栏通常都会有下拉菜单，下拉菜单是对导航栏的一种补充，更加丰富了导航的内容。大家可以使用 CSS 对下拉菜单进行美化，如示例 4-17 所示。

示例 4-17：

```
<html>
<head>
<meta charset="UTF-8">
<title>CSS 美化菜单</title>
<style type="text/css">
ul {
        list-style-type: none;
        margin: 0;
        padding: 0;
        overflow: hidden;
        background-color: gray;
}
li {
        float: left;
}
li a,.dropbtn {
        display: inline-block;
        color: white;
        text-align: center;
```

```
            padding: 14px 16px;
            text-decoration: none;
        }
        li a:hover{
            background-color: green;
        }
        .dropdown {
            display: inline-block;
        }
        .dropdown-content {
            display: none;
            position: absolute;
            background-color: darkgray;
            min-width: 125px;
            box-shadow: 0px 8px 16px 0px rgba(0, 0, 0, 0.2);
        }
        .dropdown-content a {
            color: white;
            padding: 12px 16px;
            text-decoration: none;
            display: block;
        }
        .dropdown-content a:hover {
            background-color: lightpink;
        }
        .dropdown:hover .dropdown-content {
            display: block;
        }
    </style>
</head>
<body>
    <ul>
        <li><a href="CSS 美化图片.html">CSS 美化图片</a></li>
        <li><div class="dropdown">
        <a href="CSS 美化背景.html">CSS 美化背景</a>
        <div class="dropdown-content">
        <a href="#">美化图片</a><a href="#">美化文字</a>
        <a href="#">美化多彩色</a></div></div></li>
        <li><a href="CSS 美化表单.html">CSS 美化表单</a></li>
        <li><a href="CSS 美化表格.html">CSS 美化表格</a></li>
        <li><a href="CSS 美化文字.html">CSS 美化文字</a></li>
    </ul>
</body>
</html>
```

在浏览器中查看该 HTML 页面,输出结果如图 4-17 所示。

图 4-17 使用 CSS 美化下拉菜单

在示例 4-17 中，各属性的含义如下。

overflow 属性用来设置内容溢出元素框时的处理方式。当值为 hidden 时，内容会被修剪并且其余内容不可见；当值为 visible 时，内容不会被修剪，会呈现在元素框外，是默认值；当值为 auto 时，如果内容被修剪，则浏览器会显示滚动条以便查看其余内容；当值为 scroll 时，内容会被修剪，但浏览器会显示滚动条以便查看其余内容。

position 属性用来定位元素，后文中会详细讲解。

box-shadow 属性用于向边框添加一个或多个阴影，其语法格式如下所示。

box-shadow:h-shadow v-shadow blur spread color insert;

其中，h-shadow 和 v-shadow 是必选项，其余都是可选项。h-shadow 和 v-shadow 分别是水平和垂直阴影的位置，可以是负值；blur 是模糊距离；spread 是阴影的尺寸；color 是阴影的颜色；insert 可以将外部阴影改为内部阴影。

4.3.10 CSS Sprite 技术

在国内，很多人将 CSS Sprite 称为 CSS 精灵或 CSS 雪碧。它先把网页中的一些背景图片整合到一张图片文件中，再通过 CSS 的背景图片定位确定要显示的位置。这样做可以减少文件体积，减少对服务器的请求次数，提高效率。

CSS Sprite 技术主要靠背景图片的定位来实现，例如有以下一段代码。

#menu ul li a { background:#ccc url(btn_silver.gif) 0 0 no-repeat; }

其中，#ccc 表示背景色；url()中是背景图片的路径；接下来的两个数值参数分别代表左右和上下，第一个参数表示距左边多少像素，第二个参数表示距上边多少像素，这和 padding 的简写方式不一样，一定不要混淆；no-repeat 表示背景图片向哪个方向重复，此时为不重复。注意，当 CSS 中的值为 0 时可以不写单位，其他数值都必须写单位(line-height 值为多少倍时，zoom、z-index 除外)；定位图片位置的参数是以图片的左上角为原点的。

接下来，试着用 CSS Sprite 技术将三张背景图片(见图 4-18)整合到一张图中，代码如示例 4-18 所示。

图 4-18　三张背景图片

示例 4-18：

```
<!DOCTYPE htm>
<head>
<meta charset="UTF-8" />
<style type="text/css">
body { font-family: Verdana; font-size: 12px; line-height: 1.5; }
a { color: #000; text-decoration: none; }
a:hover { color: #F00; }
#menu { width:500px; height:28px; margin:0 auto; border-bottom:3px solid #E10001;}
#menu ul { list-style: none; margin: 0px; padding: 0px; }
#menu ul li { float:left; margin-left:2px;}
#menu ul li a { display:block; width:87px; height:28px; line-height:28px; text-align:center;
    background:url(btn_ Sprites.gif) 0 -28px no-repeat; font-size:14px;}
#menu ul li a:hover { background:url(btn_ Sprites.gif) 0 -56px no-repeat;}
#menu ul li a#current { background:url(btn_ Sprites.gif) 0 0 no-repeat; font-weight:bold; color:#fff;}
</style>
</head>
<body>
<div id="menu">
<ul>
<li><a id="current" href="#">首页</a></li>
<li><a href="#">网页版式</a></li>
<li><a href="#">web 教程</a></li>
<li><a href="#">web 实例</a></li>
<li><a href="#">常用代码</a></li>
</ul>
</div>
</body>
</html>
```

整合后的效果如图 4-19 所示。

图 4-19　整合图片效果图

4.4 CSS 样式的使用方式

CSS 样式表根据代码位置的不同，可以分为行内样式表、内部样式表和外部样式表。

4.4.1 行内样式表

如果希望某段文字和其他段落文字的显示风格不一样，那么采用"行内样式表"比较合适。

行内样式使用元素标签的 style 属性来定义。例如，若将两段文字采用不同的字体显示(见图 4-20)，则可在标签内加上 style 属性，如示例 4-19 所示。

示例 4-19：

```
<html>
<head>
<title>行内样式表示例</title>
</head>
<body>
<p style="font-family:'楷体';">庐山美景——小天池</p>
<p style="font-weight:bold">小天池位于庐山牯岭北面，池中之水置于高山而终年不溢不涸。池后山脊上，屹立着一座白塔似的喇嘛塔。塔建于 1936 年。小天池山对面还有一怪石，远望似一雄鹰伸颈欲鸣。
</p>
</body>
</html>
```

图 4-20 行内样式表示例

从上面的示例可以看出，行内样式主要用于修饰某个标签，规定的样式只对所修饰的标签有效，此例中分别规定了两个<P>标签的样式。

这种方法简单有效，适合于单个标签。但是，当有许多同类的标签(如都是<P>标签)希望采用同一样式时，如果在每个<P>标签内都加上重复的样式代码，则比较麻烦。这时可以采用内部样式表。

4.4.2 内部样式表

内部样式表也称为内嵌样式表、嵌入样式表,它把样式统一放置在<head>标签内,格式如下。

```
<head>
<style type="text/css">
/*样式规则*/
</style>
</head>
```

其中,<style>、</style>分别代表样式的开始和结束。

定义好某个标签的样式后,所有同类的标签都将采用该样式。

4.4.3 外部样式表

无论是行内样式表还是内嵌样式表,都是在同一个网页内进行操作,允许将不同的标签设置为不同的样式。但这远远不够,因为人们在开发网站时,通常希望整个网站的所有网页都采用同一样式。此时,可以将这些样式从<head>标签中提取出来,放入一个单独的文件中,然后将其与每个网页进行关联,即使用外部样式表。

根据样式文件与网页的关联方式划分,外部样式表可分为链接外部样式表和导入样式表两种。

1. 链接外部样式表

链接外部样式表是指通过 HTML 的<link>标签把样式文件和网页建立关联,<link>标签必须放置在<head>标签内,其语法格式如下所示。

```
<head>
<link rel="stylesheet" type="text/css" href="样式表文件.css">
</head>
```

在该语法中,浏览器以文档格式从样式表文件中读取定义的样式表。rel="stylesheet"是指在页面中使用的是外部样式表;type="text/css"是指文件的类型是样式表文本;href 参数用来指定文件的地址,可以是绝对地址或相对地址。

实际应用时的具体步骤如下。

(1) 创建外部样式表文件:新建文本文档,把以前写在<head>中的样式规则写入此文件即可,保存时以 css 为扩展名,假设将文件命名为 mystyle.css。

mystyle.css 文件中的代码如示例 4-20 所示。

示例 4-20：

```
p{
    font-family:宋体;
    font-size:36px;
}
.text{
    background-color:blue;
    font-size:18px;
}
```

(2) 把样式文件和网页关联：假定某个网站中的网页"外部样式表示例 1.html"和"外部样式表示例 2.html"都引用 mystyle.css 样式表。

网页"外部样式表示例 1.html"引出外部样式表的代码如示例 4-21 所示。

示例 4-21：

```
<html>
<head>
<title>外部样式表示例</title>
<link rel="stylesheet" type="text/css" href="mystyle.css" />
</head>

<body>
<p>HTML 语言是制作网页的基础语言
<p class="text">作为一个网页制作爱好者或者专业的网页设计师，HTML 语言知识是不可或缺的。
</body>
</html>
```

引用外部样式表文件 mystyle.css

采用 mystyle.css 文件中规定的<p>链接样式显示

在浏览器中查看该页面，输出结果如图 4-21 所示。

图 4-21　外部样式表示例 1

网页"外部样式表示例 2.html"引用外部样式表的代码如示例 4-22 所示。

示例 4-22：

```
<html>
<head>
<title>外部样式表示例</title>
```

```
<link rel="stylesheet" type="text/css"
    href="mystyle.css" />
</head>
<body>
<h3>轩辕剑三外传：天之痕</h3>
<hr>
<p class="text">    神州大地上，从神话时代流传下来十种上古神器——
钟、剑、斧、壶、塔、琴、鼎、印、镜、石。它们各自有着迥然不同的绝世力量。只要稍加利用即
可纵横四海，无敌天下。但它们的下落，已湮灭于神州漫长之乱世历史中。
<p>    除了轩辕剑，还有创世神开天辟地使用的神器炼妖壶，在上古英雄
的手中辗转流传。
</body>
</html>
```

在浏览器中查看该页面，输出结果如图 4-22 所示。

图 4-22　外部样式表示例 2

2. 导入样式表

在网页中，还可以使用@import 方法导入样式表，其格式如下。

```
<head>
<style type="text/css">
@import 样式表文件.css
选择器{样式属性:取值;样式属性:取值;…}
…
</style>
</head>
```

注意：

在使用时，需要注意的是导入外部样式表，也就是@import 声明必须在样式表定义的
开始部分，而其他样式表的定义都要在@import 声明之后。

上机实战

上机目标

掌握 CSS 中美化页面的常用属性及其功能。

上机练习

样式的混合使用。

【问题描述】

要求使用外部样式表、行内样式表、内嵌样式表完成下面的网页设计。

【问题分析】

编写 newstyle.css 样式表，然后在 HTML 页面文件中为相应的元素添加样式。

【参考代码】

newstyle.css 文件中的代码如下所示。

```css
p {
    /*设置段落<p>的样式：字体和背景色*/
    font-family: System;
    font-size: 18px;
    color: #222;
}
h2 {
    /*设置<h2>的样式：背景色和对齐方式*/
    background-color: #D9D9D9;
    text-align: center;
}
a {
    /*设置超链接不带下画线，text-decoration 表示文本修饰*/
    color: black;
    text-decoration: none;
}
a:hover {
    /*鼠标指针在超链接上悬停，带下画线*/
    color: red;
    text-decoration: underline;
}
```

HTML 页面文件代码如下所示。

```html
<html>
  <head>
    <title>样式的混合使用</title>
    <link href="newstyle.css" rel="stylesheet" type="text/css">
  </head>
```

```
<body>
    <h2><img src="img/001.jpg" width="180" height="150">
        <br />
        各种惊喜等你拿
    </h2>
    <ul>
        <li><a href="first.htm">双十一特惠第一波：超值购物券大放送</a></li>
        <li><a href="second.htm">双十一特惠第二波：精品礼包限时抢</a></li>
        <li><a href="third.htm">双十一特惠第三波：温馨祝福伴您购</a></li>
    </ul>
    <h4>双十一特惠大抢购</h4>
    <p style=" font-size:14; font-style:italic; color: gray ">[摘要]<br /> 双十一狂欢不停歇，Q 宠社区为您独家策划双十一豪华礼包，内容丰富多样。购买礼包的同时，还将获赠双十一惊喜福袋一个。您可以选择将惊喜福袋赠予好友，共享双十一的购物乐趣！</p>
    <p>在双十一特惠专区内，设有 3 种不同档次的双十一豪华礼包供您抢购，价格分别为 30 元、50 元、 100 元，旨在满足您的多样需求。每次成功购买礼包，均可获得一个双十一惊喜福袋，福袋内含随机的神秘好礼，均为市面未售的珍稀物品。当然，选择更高价位的礼包，福袋中的奖品价值也将更为丰厚！</p>
</body>
</html>
```

上述代码的运行结果如图 4-23 所示。

图 4-23 样式的混合使用

注意：
严格按照编码规范进行编码，注意缩进位置和代码大小写，符号为英文符号。

1. 下列选项中，(　　)属性指定字体样式为正常、斜体或偏斜体。
    A. font-style   B. font-family
    C. line-height   D. font-designer-sight

2. 若要链接到外部样式表 mystyle.css，下列代码正确的是(　　)。

　　A. <head><link rel="mystyle.css" …></head>

　　B. <head><link rel="stylesheet"href ="mystyle.css"></head>

　　C. <head><style><link rel="mystyle.css" …></style></head>

　　D. <head><style><link href="mystyle.css" …></style></head>

3. 为了在网页中将 H1 标题定位于左边距为 100px、上边距为 50px 处，效果如图 4-24 所示，下面代码正确的是(　　)。

A.
```
h1{
    position: absolute;
    left:100px;
    top:50px;
}
```

B.
```
h1{
    left:100px;
    top:50px;
}
```

C.
```
h1{
    left:100;
    top:50;
}
```

D.
```
h1{
    position:absolute;
    left:100;
    top:50;
}
```

图 4-24　H1 标题定位

4. 在 CSS 中，若要为一个元素添加背景颜色，并且想要这个背景颜色只占据元素宽度的 50%，那么应该使用的 CSS 属性是(　　)。

　　A. background-color　　　　　　　B. background-size

　　C. width　　　　　　　　　　　　　D. background-clip

5. 下列选项中，(　　)是 box-shadow 属性的必备元素。

　　A. color　　　　B. insert　　　　C. v-shadow　　　　D. blur

单元小结

- 样式表由样式规则组成，这些规则用于"告诉"浏览器如何显示文档。样式表是将样式(如字体、颜色、字号等)添加到网页中的简单机制。

- 样式规则由选择器和声明块组成。选择器用于指定哪些元素应用样式，而声明块则包含了一个或多个样式声明，每个声明由一个属性和一个值组成。选择器又可分为元素选择器、群组选择器、包含选择器、class 选择器、ID 选择器、子元素选择器、相邻兄弟选择器、伪类选择器、通配选择器等。
- CSS 样式表根据代码位置的不同，可以分为行内样式表、内部样式表和外部样式表。

完成工单

PJ04 完成广西文旅项目名优特产模块美化

本项目重点介绍使用 HTML+CSS 代码实现网站布局与美化的方法。

PJ04 任务目标

- 掌握 CSS 的概念、基本语法。
- 掌握 CSS 中美化页面的常用属性及功能。

【任务描述】

在网页中实现项目名优特产模块的样式布局，如图 4-25 所示。

图 4-25　名优特产模块最终效果图

【任务分析】

（1）编写一个 DIV 盒子用于呈现名优特产模块，并使其在浏览器中水平居中。

（2）可利用弹性布局，使得该模块中用于展示每个特产信息的盒子每行排列 5 个，并保留适当的外边距。

（3）对每个特产的 DIV 进行边框设置，居中显产品名称等内容。

（4）实现当鼠标指针经过图片时的放大效果。

【参考步骤】

（1）创建新的 HTML 页面，命名为 products.html，代码如下所示。

```
<!DOCTYPE html>
```

```html
<html>
<head>
    <meta charset="UTF-8">
    <title></title>
</head>
<link rel="stylesheet" href="css/products.css">
<body>
    <div class="section product" id="product">
        <h2>名优特产</h2>
        <div class="list">
            <div class="list-item">
                <img src="img/cha.jpg" alt="">
                <p>桂平西山茶</p>
            </div>
            <div class="list-item">
                <img src="img/jinju.jpg" alt="">
                <p>融安金桔</p>
            </div>
            <div class="list-item">
                <img src="img/luoshi.jpg" alt="">
                <p>柳州螺蛳粉</p>
            </div>
            <div class="list-item">
                <img src="img/mangguo.jpg" alt="">
                <p>百色芒果</p>
            </div>
            <div class="list-item">
                <img src="img/liubao.jpg" alt="">
                <p>六堡茶</p>
            </div>
            <div class="list-item">
                <img src="img/youzi.jpg" alt="">
                <p>容县沙田柚</p>
            </div>
            <div class="list-item">
                <img src="img/sangchan.jpg" alt="">
                <p>宜州桑蚕茧</p>
            </div>
            <div class="list-item">
                <img src="img/shneghao.jpg" alt="">
                <p>北海生蚝</p>
            </div>
            <div class="list-item">
                <img src="img/zhuti.jpg" alt="">
                <p>巴马香猪</p>
            </div>
            <!-- 巴马香猪 -->
```

```
            </div>
        </div>
</body>
</html>
```

(2) 新建products.css样式文件，编写页面样式，代码如下所示。

```css
body {
            font-family: Arial, sans-serif;
            margin: 0;
            padding: 0;
            background-color: #f7f7f7;
        }
        .section {
            width: 1250px;
            background-color: #fff;
            margin: 20px auto;
            padding: 10px 20px;
        }

        .section h2 {
            color: #333;
        }

        .section p {
            color: #666;
        }

        .list {
            display: flex;
            flex-wrap: wrap;
            padding: 0;
            margin: 0;
        }

        .list .list-item {
            position: relative;
            width: 400px;
            margin-right: 15px;
            margin-bottom: 25px;
        }

        .list .list-item p {
            padding: 0;
            margin: 0;
            margin-bottom: 8px;
            color: #333;
            font-size: 17px;
```

```
        }
        .product .list-item {
            width: 220px;
            display: flex;
            justify-content: center;
            flex-direction: column;
            transition-property: all;
            transition-duration: 0.5s;
        }
```

(3) 预览效果，如图 4-26 所示。

图 4-26　名优特产模块布局

(4) 进一步完善 products.css 代码，如下所示。

```
body {
            font-family: Arial, sans-serif;
            margin: 0;
            padding: 0;
            background-color: #f7f7f7;
        }
        .section {
            width: 1250px;
            background-color: #fff;
            margin: 20px auto;
            padding: 10px 20px;
            border-radius: 5px;
            box-shadow: 0 0 5px rgba(0, 0, 0, 0.1);
        }

        .section h2 {
            color: #333;
        }
```

```css
.section img {
    max-width: 100%;
    margin-bottom: 10px;
}

.section p {
    color: #666;
}

.list {
    display: flex;
    flex-wrap: wrap;
    padding: 0;
    margin: 0;
}

.list .list-item {
    position: relative;
    width: 400px;
    margin-right: 15px;
    margin-bottom: 25px;
}


.list .list-item img {
    border-radius: 5px;
}

.list .list-item p {
    padding: 0;
    margin: 0;
    margin-bottom: 8px;
    color: #333;
    font-size: 17px;
    font-weight: bold;
}

.product .list-item {
    border: 1px solid rgba(232, 232, 232, 1);
    width: 220px;
    display: flex;
    justify-content: center;
    flex-direction: column;
    transition-property: all;
    transition-duration: 0.5s;
}
```

```css
.product .list-item img {
    margin: 10px;
    width: 200px;
    border-radius: 0;
}

.product .list-item p {
    height: 40px;
    display: flex;
    align-items: center;
    justify-content: center;
    color: rgba(161, 120, 80, 1);
    font-weight: normal;
    background-color: #FBF6F1;
    margin: 0;
}

.product .list-item:hover img {
    opacity: 0.8;
    transform: scale(1.05);
    transition: all .6s;
}
```

(5) 在浏览器中运行，效果如图 4-27 所示。

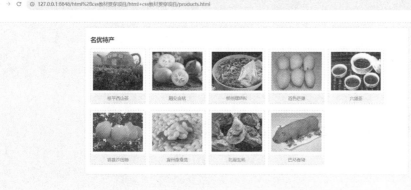

图 4-27　名优特产模块最终效果图

PJ04 评分表

序号	考核模块	配分	评分标准
1	项目名优特产模块美化	90 分	1. 正确编写商品 CSS 样式文件，并在 HTML 文件中正确引用(10 分) 2. 模块中特产图片按照每行 5 个排列整齐，设置适当外边距(30 分) 3. 鼠标指针经过时图片放大(20 分) 4. 整个模块样式美观(30 分)
2	编码规范	10 分	文件名、标签名、缩进等符合编码规范(10 分)

工单评价

任务名称		PJ04. 广西文旅项目名优特产模块的美化				
工号			姓名		日期	
设备配置			实训室		成绩	
工单任务		1. 完成广西文旅项目名优特产模块的布局。 2. 完成广西文旅项目名优特产模块的样式美化。				
任务目标		1. 正确使用标签，对页面进行合理的布局。 2. 选择正确的 CSS 属性，使页面的整体样式看起来整齐、美观。				

任务编号	开始时间	完成时间	工作日志	完成情况
PJ04				

学生自我评价：
请根据任务完成情况进行自我评估，并提出改进方法。
技术方面

素养方面

教师评价：
1. 对学生的任务完成情况进行点评。

2. 学生本次任务的成绩。

文学艺术模块的布局

项目简介

- 本项目主要完成广西文旅项目中文学艺术模块的布局。
- 学会利用 CSS 进行网页布局。
- 掌握 HTML 列表的应用。
- 掌握超链接伪类的应用。

工单任务

任务名称	PJ05. 广西文旅项目文学艺术模块的布局				
工号		姓名		日期	
设备配置		实训室		成绩	
工单任务	完成文学艺术模块的布局。				
任务目标	1. 应用 CSS 布局网页。 2. 正确创建 HTML 列表。 3. 正确设置超链接。				

一、课程目标与素养发展

1. 技术目标

(1) 掌握 CSS 布局网页的方法。

(2) 掌握 HTML 列表的使用方法。

(3) 掌握使用 CSS 美化表单的方法。

2. 素养目标

(1) 养成良好的编码习惯。

(2) 提高获取信息和利用信息的能力。

(3) 培养创新设计思维。

二、决策与计划

任务：完成广西文旅项目文学艺术模块的布局

【任务描述】

运用 CSS 布局和 HTML 列表等知识完成广西文化旅游项目文学艺术模块的布局。

【任务分析】

(1) 正确创建列表。

(2) 正确使用 CSS 布局网页。

(3) 正确设置超链接。

(4) 使用 CSS 完成页面美化。

【任务完成示例】

三、实施

1. 任务

内容	要求
完成文学艺术模块的布局	1. 正确进行 CSS 布局。 2. 正确创建列表。 3. 页面美观整洁。 4. 正确输出结果到页面。

2. 注意事项

(1) 编辑器使用 HBuilderX 2.6(或以上版本)或 VSCode 1.5(或以上版本)。

(2) 功能实现完整,并且调试无误。

(3) 按编码规范进行编码。

工作手册

在学习 HTML+CSS 过程中,我们首先要了解一些基础知识。本项目主要介绍 CSS 布局和 HTML 列表等一些基础知识,后面再陆续介绍 CSS 盒子模型及 CSS 的一些高级运用。正是这些核心属性使得 HTML+CSS 的功能很强大,同时使得页面更加整洁美观。

5.1 应用 CSS 布局网页

CSS 的布局是一种很新的布局理念,有别于传统的布局习惯。它首先将页面在整体上使用<div>标签进行分块,然后对各个块进行 CSS 定位,最后在各个块中添加相应的内容。通过 CSS 布局的页面,更新十分容易,甚至是页面的拓扑结构,都可以通过修改 CSS 属性来重新定位。本节主要介绍 CSS 布局的一些基本技巧。

5.1.1 一列固定宽度及高度

一列固定宽度是 CSS 布局中的基础形式,由于布局有时需要固定盒子的宽度和高度,因此我们直接设置了宽度属性 width 为 300px,高度属性 height 为 200px,其 HTML 代码如下。

```
<!DOCTYPE html>
<head>
    <meta charset="UTF-8" />
    <title>一列固定宽度</title>
    <style type="text/css">
        #layout {
            border: 2px solid #A9C9E2;
            background-color: #E8F5FE;
            height: 200px;
            width: 300px;
        }
    </style>
</head>
<body>
    <div id="layout">固定宽度为 300px,固定高度为 200px</div>
</body>
</html>
```

效果如图 5-1 所示。

图 5-1　一列固定宽度及高度

5.1.2　一列自适应宽度

自适应布局是一种非常灵活的布局形式，它能够根据浏览器窗口的大小，自动改变其宽度和高度，对不同分辨率的显示器都能提供良好的显示效果。实际上，DIV 默认状态下占据整行空间，便是宽度为100%的自适应布局的表现形式。一列自适应布局的操作非常简单，只需要将宽度由固定值改为百分比的形式即可。

CSS 中大部分用数值作为参数的样式属性都提供了百分比的形式，width 宽度属性也不例外，在这里我们将宽度由一列固定宽度的 300px 改为 80%。自适应宽度的优势就是当扩大或缩小浏览器窗口大小时，页面宽度还将维持在与浏览器当前宽度的比例。

```
<!DOCTYPE html>
<head>
    <meta charset="UTF-8" />
    <title>一列自适应宽度</title>
    <style type="text/css">
        #layout {
            border: 2px solid #A9C9E2;
            background-color: #E8F5FE;
            height: 200px;
            width: 80%;
        }
    </style>
</head>
<body>
    <div id="layout">一列自适应宽度</div>
</body>
</html>
```

效果如图 5-2 所示。我们看到，无论浏览器窗口扩大或缩小，页面宽度都是当前窗口的 80%。

图 5-2 一列自适应宽度

5.1.3 一列固定宽度居中

页面整体居中是网页设计中普遍应用的形式，在传统表格布局中，使用表格的 align="center"属性来实现。DIV本身也支持align="center"属性，使DIV呈现居中状态，但CSS布局是为了实现表现和内容的分离，而align对齐属性是一种样式代码，书写在HTML的div属性之中有违分离原则(分离可以使网站更利于管理)，因此应当使用CSS实现内容的居中。接下来，以一列固定宽度布局为例，为其增加居中的CSS样式，代码如下。

```
<!DOCTYPE html>
<head>
    <meta charset="UTF-8" />
    <title>一列固定宽度居中</title>
    <style type="text/css">
        #layout {
            border: 2px solid #A9C9E2;
            background-color: #E8F5FE;
            height: 200px;
            width: 300px;
            margin: 0px auto;
        }
    </style>
</head>
<body>
    <div id="layout">一列固定宽度居中</div>
</body>
</html>
```

其中，margin 属性用于控制对象的上、下、左、右 4 个方向的外边距。当 margin 使用两个参数时，第 1 个参数表示上下边距，第 2 个参数表示左右边距。除了直接使用数值之外，margin 还支持 auto 值，auto 值可以使浏览器自动判断边距。在这里，我们将当前 DIV 的左右边距设置为 auto，浏览器就会将 DIV 的左右边距设为相等，并呈现为居中状态，从而实现了居中效果。

其操作步骤和一列固定宽度基本相同，只需要在 CSS 边框设置项中将边界的上、右、下、左分别设置为 0、auto、0、auto 即可，效果如图 5-3 所示。

图 5-3　一列固定宽度居中

5.1.4　设置列数

　　CSS3中增加了一些新的属性来对文本进行布局。报纸中一般会有一栏内容分多列显示的情况，我们可以通过在CSS中设置column-count属性来规定元素被分隔的列数。下面我们让元素分为3列显示，其HTML代码如下，运行效果如图5-4所示。

```
<!DOCTYPE html>
<html>
    <head>
        <meta charset="UTF-8">
        <title>多列显示文本</title>
        <style type="text/css">
            #morecolumn {
                column-count: 3;
            }
        </style>
    </head>
    <body>
        <p><b>IE9 以及更早的版本不支持多列属性</b></p>
        <div id="morecolumn">
            丽人行唐代：杜甫
            三月三日天气新，长安水边多丽人。态浓意远淑且真，肌理细腻骨肉匀。
            绣罗衣裳照暮春，蹙金孔雀银麒麟。头上何所有？翠微盍叶垂鬓唇。
            背后何所见？珠压腰衱稳称身。就中云幕椒房亲，赐名大国虢与秦。
            紫驼之峰出翠釜，水精之盘行素鳞。犀箸厌饫久未下，鸾刀缕切空纷纶。
            黄门飞鞚不动尘，御厨络绎送八珍。箫鼓哀吟感鬼神，宾从杂遝实要津。
            后来鞍马何逡巡，当轩下马入锦茵。杨花雪落覆白苹，青鸟飞去衔红巾。
            炙手可热势绝伦，慎莫近前丞相嗔！
        </div>
    </body>
</html>
```

图 5-4　元素多列显示

注意：
IE9 以及更早版本不支持多列属性。

5.1.5　设置列间距

CSS3 中还增加了列间距属性 column-gap。在 5.1.4 节设置列数的 CSS 文件中添加如下代码即可设置列间距，运行效果如图 5-5 所示。

```
#morecolumn{column-gap: 50px;}
```

图 5-5　元素多列间距设置

对比图 5-4 和图 5-5 可以发现，每列之间的间距变大了。

5.1.6　设置列之间的规则

为了让每列之间的显示更加美观，CSS3 中新增了 column-rule 属性来设置列之间的规则样式，即分隔线样式。在 5.1.5 节设置多列间距的 CSS 文件中添加如下代码即可设置列之间的规则，运行效果如图 5-6 所示。

```
#morecolumn{column-rule:3px dotted red;}
```

图 5-6　列之间的规则设置

column-rule 属性的 3 个值分别用于设置列之间规则的宽度、样式和颜色。我们也可以把这 3 个值通过属性单独设置，即通过 column-rule-width 来设置列之间规则的宽度、通过 column-rule-style 来设置列之间规则的样式、通过 column-rule-color 来设置列之间规则的颜色。

5.2 HTML 列表的应用

5.2.1　ul 无序列表和 ol 有序列表

无序列表是没有特定顺序的列表项集合，用 ul 表示，项目符号默认是圆点，可以通过样式表将其改为无、方块或空心圆等。创建无序列表的代码如下，运行效果如图 5-7 所示。

```
<div id="layout">
    <ul>
        <li>
            <a title="第五天 超链接伪类" href="/div_css/906.shtml" target="_blank">
                第五天 超链接伪类
            </a>
        </li>
        <li>
            <a title="第四天 纵向导航菜单" href="/div_css/905.shtml" target="_blank">
                第四天 纵向导航菜单
            </a>
        </li>
        <li>
            <a title="第三天 二列和三列布局" href="/div_css/904.shtml" target="_blank">
                第三天 二列和三列布局
            </a>
        </li>
        <li>
            <a title="第二天 一列布局" href="/div_css/903.shtml" target="_blank">
                第二天 一列布局
            </a>
```

```
            </li>
            <li>
                <a title="第一天  XHTML CSS 基础知识" href="/div_css/902.shtml" target="_blank">
                    第一天  XHTML CSS 基础知识
                </a>
            </li>
        </ul>
    </div>
```

图 5-7   ul 无序列表运行效果

有序列表是有特定顺序的列表项集合,用 ol 表示,项目符号默认为数字,也可以定义为其他格式。创建有序列表的代码如下,运行效果如图 5-8 所示。

```
    <div id="layout">
        <ol>
            <li>
                <a title="第五天  超链接伪类" href="/div_css/906.shtml" target="_blank">
                    第五天  超链接伪类
                </a>
            </li>
            <li>
                <a title="第四天  纵向导航菜单" href="/div_css/905.shtml" target="_blank">
                    第四天  纵向导航菜单
                </a>
            </li>
            <li>
                <a title="第三天  二列和三列布局" href="/div_css/904.shtml" target="_blank">
                    第三天  二列和三列布局
                </a>
            </li>
            <li>
                <a title="第二天  一列布局" href="/div_css/903.shtml" target="_blank">
                    第二天  一列布局
                </a>
            </li>
            <li>
                <a title="第一天  XHTML CSS 基础知识" href="/div_css/902.shtml" target="_blank">
                    第一天  XHTML CSS 基础知识
                </a>
```

```
                </li>
            </ol>
        </div>
```

图 5-8　ol 有序列表运行效果

5.2.2　改变项目符号样式

项目符号默认是实心圆点，可以通过样式表将其更改为其他形式。对于无序列表，我们可以通过 type 属性设置其值为 disc(实心圆点)、circle(空心圆点)、square(实心小方块)；对于有序列表，我们也可以通过 type 属性设置其值为 1、a、A、i、I。若不想从头开始，则可以通过 start 属性来设置其起始值。例如，设置 start="3"，代码如下，运行效果如图 5-9 所示。

```
        <div>
            <ol type="1" start="3">
                <li>
                    <a title="第五天 超链接伪类" href="/div_css/906.shtml" target="_blank">
                        第五天 超链接伪类
                    </a>
                </li>
                <li>
                    <a title="第四天 纵向导航菜单" href="/div_css/905.shtml" target="_blank">
                        第四天 纵向导航菜单
                    </a>
                </li>
                <li>
                    <a title="第三天 二列和三列布局" href="/div_css/904.shtml" target="_blank">
                        第三天 二列和三列布局
                    </a>
                </li>
                <li>
                    <a title="第二天 一列布局" href="/div_css/903.shtml" target="_blank">
                        第二天 一列布局
                    </a>
                </li>
                <li>
                    <a title="第一天　XHTML CSS 基础知识" href="/div_css/902.shtml" target="_blank">
```

```
                第一天 XHTML CSS 基础知识
            </a>
        </li>
    </ol>
</div>
```

图 5-9　改变项目符号起始值

从图中可以看到列表的项目符号是从 3 开始的。根据需要，我们可以将项目符号设置为其他类型。例如，将项目符号设置为图片，其代码如下，运行效果如图 5-10 所示。

```
<!DOCTYPE html>
<head>
    <meta charset="UTF-8" />
    <title>图片作为列表的项目符号</title>
    <style type="text/css">
        li {
            list-style-image: url(../img/Female.gif);
        }
    </style>
</head>
<body>
    <div>
        <ol>
            <li>
                <a title="第五天 超链接伪类" href="/div_css/906.shtml" target="_blank">
                    第五天 超链接伪类
                </a>
            </li>
            <li>
                <a title="第四天 纵向导航菜单" href="/div_css/905.shtml" target="_blank">
                    第四天 纵向导航菜单
                </a>
            </li>
            <li>
                <a title="第三天 二列和三列布局" href="/div_css/904.shtml" target="_blank">
                    第三天 二列和三列布局
                </a>
            </li>
            <li>
```

```
                <a title="第二天  一列布局" href="/div_css/903.shtml" target="_blank">
                    第二天  一列布局
                </a>
            </li>
            <li>
                <a title="第一天   XHTML CSS 基础知识" href="/div_css/902.shtml" target="_blank">
                    第一天   XHTML CSS 基础知识
                </a>
            </li>
        </ol>
    </div>
</body>
</html>
```

图 5-10　图片作为列表的项目符号

5.2.3　横向图文列表

横向图文列表是在有序列表的基础上添加图片并让列表横向排列，效果如图 5-11 所示。

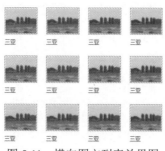

图 5-11　横向图文列表效果图

创建横向图文列表的操作步骤如下。

(1) 插入如下 HTML 代码。

```
<div id="layout">
    <ul>
        <li><a href="#"><img src="三亚.bmp" width="68" height="54" />三亚</a></li>
        <li><a href="#"><img src="三亚.bmp" width="68" height="54" />三亚</a></li>
        <li><a href="#"><img src="三亚.bmp" width="68" height="54" />三亚</a></li>
        <li><a href="#"><img src="三亚.bmp" width="68" height="54" />三亚</a></li>
        <li><a href="#"><img src="三亚.bmp" width="68" height="54" />三亚</a></li>
```

```
            <li><a href="#"><img src="三亚.bmp" width="68" height="54" />三亚</a></li>
            <li><a href="#"><img src="三亚.bmp" width="68" height="54" />三亚</a></li>
            <li><a href="#"><img src="三亚.bmp" width="68" height="54" />三亚</a></li>
            <li><a href="#"><img src="三亚.bmp" width="68" height="54" />三亚</a></li>
            <li><a href="#"><img src="三亚.bmp" width="68" height="54" />三亚</a></li>
            <li><a href="#"><img src="三亚.bmp" width="68" height="54" />三亚</a></li>
            <li><a href="#"><img src="三亚.bmp" width="68" height="54" />三亚</a></li>
            <li><a href="#"><img src="三亚.bmp" width="68" height="54" />三亚</a></li>
            <li><a href="#"><img src="三亚.bmp" width="68" height="54" />三亚</a></li>
            <li><a href="#"><img src="三亚.bmp" width="68" height="54" />三亚</a></li>
        </ul>
    </div>
```

（2）接下来为标签添加样式，代码如下。

```
body { margin:0 auto; font-size:12px; font-family:Verdana; line-height:1.5;}
ul,dl,dt,dd,h1,h2,h3,h4,h5,h6,form { padding:0; margin:0;}
ul { list-style:none;}
img { border:0px;}
a { color:#05a; text-decoration:none;}
a:hover { color:#f00;}
```

（3）完成以上两步操作后，<li>标签是垂直排列的，此时需要为每个<li>标签添加浮动效果，实现横向排列，并且设置其宽度和外边距的大小。此外，为了获得更好的交互效果，添加鼠标划过时的样式。具体代码如下。

```
#layout ul li{width: 72px;float: left;margin-top: 20px;margin-left: 20px;}
#layout ul li a img {padding: 1px;margin-bottom: 3px;border: 1px solid #999999;}
#layout ul li a:hover img {padding: 0px;border: 2px solid #FFCC00;}
```

（4）运行代码效果，如图 5-12 所示。

图 5-12　横向图文列表效果图

5.2.4 浮动后父容器高度自适应

当一个父容器内的元素都浮动后，它的高度将不会随着内部元素高度的增加而增加，所以会造成内容元素的显示超出了父容器。为了便于查看效果，在 5.2.3 节实例中的#layout{}中增加一个边框和内边距，代码如下所示，效果如图 5-13 所示。

```
#layout { width:400px; border:2px solid red; padding:2px;}
```

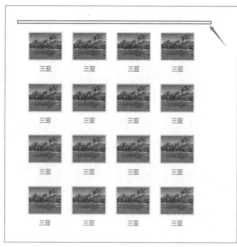

图 5-13　li 元素添加浮动后的效果图

请观察图 5-13 中的箭头标示处，该父容器没有被内容元素撑高，出现了内容溢出父容器的现象。若要解决这个问题，则需要在#layout{}中添加以下样式。

```
overflow:auto; zoom:1
```

overflow:auto;用于使高度自适应，zoom:1;是为了兼容 IE 6 而写，对于目前的主流浏览器只需要设置 overflow:auto 即可。

5.3 超链接伪类的应用

5.3.1 超链接的 4 种样式

超链接可以说是网页发展史上的一个伟大发明，它使得许多页面相互链接，从而构成一个网站。提到超链接，它涉及一个新的概念——伪类。我们先来看超链接的 4 种样式。

```
a:link {color: #FF0000}  /* 未访问的链接 */
a:visited {color: #00FF00}  /* 已访问的链接 */
a:hover {color: #FF00FF}  /* 鼠标移动到链接上 */
a:active {color: #0000FF}  /* 选定的链接 */
```

以上代码分别定义了未访问的链接样式、已访问的链接样式、鼠标移上时的链接样式和选定的链接样式。之所以称为伪类，是因为它不是一个真实的类，正常的类是以点开始，后边跟一个名称，而伪类是以 a 开始，后边跟个冒号，再跟一个状态限定字符。伪类使得用户体验大大提升。例如，可以设置鼠标移上时改变颜色或下画线等属性告知用户这是可以单击的；可以使已访问过的链接的颜色变暗或加删除线来告知用户这个链接的内容已访问过了。

下面创建一个未访问状态下是黄绿色无下画线、已访问过为红色、鼠标移上时是深金黄色带下画线、选定时为棕色加删除线的链接。首先，插入 3 个带超链接的内容，代码如下，效果如图 5-14 所示。

```
<p><a href="#">这里是链接</a></p>
<p><a href="www.baidu.com">这里是百度链接</a></p>
<p><a href="10.html">这里也是链接</a></p>
```

插入的超链接默认是蓝色带下画线的。接下来，我们定义未访问的链接样式，代码如下，效果如图 5-15 所示。

```
a:link { color: yellowgreen; text-decoration: none; }
```

图 5-14　超链接　　　　　　　　图 5-15　未访问的链接样式

最后分别设置已访问的链接样式、鼠标移上时的链接样式和选定的链接样式，代码如下，效果如图 5-16 所示。

```
<!DOCTYPE html>
<head>
    <meta charset="UTF-8" />
    <style type="text/css">
        a:visited {
            color: red;
        }

        a:hover {
            color: darkgoldenrod;
            text-decoration: underline;
        }

        a:active {
```

```
                color: brown;
                text-decoration: line-through;
            }
        </style>
    </head>
    <body>
        <p><a href="#">这里是链接</a></p>
        <p><a href="www.baidu.com">这里是百度链接</a></p>
        <p><a href="10.html">这里也是链接</a></p>
    </body>
</html>
```

图 5-16　最终效果

注意：
4 种状态的顺序一定不能颠倒，否则有些不会生效。

5.3.2　将链接转换为块级元素

链接在默认状态下是内联元素，将其转换为块级元素后可以获得更大的单击区域。增加一个 display:block 属性，再设置宽度和高度即可将链接转换为块状，其 CSS 文件代码如下，效果如图 5-17 所示。

```
a { display: block; height: 30px; width: 100px; line-height: 30px; text-align: center; background: #CCC; }
```

这样设置的结果是全局 a 都显示为此样式。

接下来，设置鼠标移动到链接上时的块状显示状态，代码如下，效果如图 5-18 所示。其他几种状态的设置方法一样。

```
<!DOCTYPE html>
<head>
```

```html
<meta charset="UTF-8" />
<style type="text/css">
    a {
        display: block;
        height: 30px;
        width: 100px;
        line-height: 30px;
        text-align: center;
        background: #CCC;
    }

    a:hover {
        color: #FFF;
        text-decoration: none;
        background: #333;
    }
</style>
</head>
<body>
    <p><a href="#">这里是链接</a></p>
    <p><a href="www.baidu.com">这里是百度链接</a></p>
    <p><a href="10.html">这里也是链接</a></p>
</body>
</html>
```

图 5-17 链接的块状显示

图 5-18 鼠标移动到链接上时的块状显示状态

5.3.3 制作按钮

只要学会了把超链接转换为块级元素，制作一个按钮就太简单了，只需要在上一步的基础上增加一个按钮的背景图片即可。下面以制作淘宝网首页的免费注册按钮为例，来讲解设置最常用的默认样式和鼠标划过时的样式的方法。

首先需要准备默认状态和鼠标划过状态的图片，如图 5-19 所示。

图 5-19 默认状态和鼠标滑过状态的图片

然后编写如下 HTML 代码，效果如图 5-20 所示。

```html
<!DOCTYPE html>
<head>
    <meta charset="UTF-8" />
    <style type="text/css">
        a {
            display: block;
            height: 34px;
            width: 107px;
            line-height: 2;
            text-align: center;
            background: url(img/white_btn.png) no-repeat 0px 0px;
            color: #d84700;
            font-size: 14px;
            font-weight: bold;
            text-decoration: none;
            padding-top: 3px;
        }

        a:hover {
            background: url(../img/gray_btn.png) no-repeat 0px 0px;
        }
    </style>
</head>
<body>
    <p><a href="#">免费注册</a></p>
</body>
</html>
```

图 5-20　制作按钮

5.3.4　首字下沉

伪元素:first-letter 用于为某个选择器中的文本首字添加特殊的样式。首字下沉效果即可通过该伪元素来实现，而无须通过添加标签或程序来实现。接下来，为"SVSE8.0HTML

网页设计"添加首字下沉效果，代码如下，效果如图 5-21 所示。

```html
<!DOCTYPE html>
<head>
    <meta charset="UTF-8" />
    <style type="text/css">
        p {
            width: 400px;
            line-height: 1.5;
            font-size: 14px;
        }

        p:first-letter {
            font-family: "microsoft yahei";
            font-size: 40px;
            float: left;
            padding-right: 10px;
            line-height: 1;
        }
    </style>
</head>
<body>
    <p>SVSE8.0 HTML 网页设计</p>
</body>
</html>
```

图 5-21　首字下沉

上机目标

- 掌握利用 CSS 进行布局的基本方法。
- 使用列表实现页面效果。
- 掌握超链接的基本设置方法。

上机练习

练习 1：对页面进行布局。

【问题描述】

有 3 个 DIV，使其分别实现一列固定宽度、一列自适应宽度和一列固定宽度居中的效果，如图 5-22 所示。

图 5-22　页面布局效果图

【问题分析】

首先，对于固定宽度的列，直接指定具体的像素值，从而确保无论屏幕大小如何变化，这些列的宽度都保持不变。

其次，对于自适应宽度的列，设置百分比形式的宽度值，使其能够自动调整宽度，以适应剩余的屏幕空间，从而实现自适应布局。

最后，为了实现固定宽度列的居中效果，可以采用一些技巧。例如，将居中列放置在一个额外的包裹元素中，并设置左右外边距(margin)为自动(auto)，使其在页面上水平居中显示。

【参考步骤】

(1) 新建一个 HTML 网页，将网页标题设为"页面布局"。

(2) 添加三个<div>标签，并为其设置背景图。

(3) 完整代码如下所示。

```
<!DOCTYPE html>
<head>
<meta charset="UTF-8" />
<title>页面布局</title>
<style type="text/css">
<!--
#layout {
  border: 2px solid #A9C9E2;
  background-color: #E8F5FE;
```

```
    height: 100px;
    width: 200px;
}
#layout2 {
    border: 2px solid #A9C9E2;
    background-color: #E8F5FE;
    height: 100px;
    width: 50%;
    margin:20px;
}
#layout3 {
    border: 2px solid #A9C9E2;
    background-color: #E8F5FE;
    height: 100px;
    width: 200px;
    margin:20px auto;
}
-->
</style>
</head>
<body>
<div id="layout" style="background:url(../img/eg_cute.gif)"><span style="color:#CC0000">一列固定宽度</span></div>
<div id="layout2" style="background:url(../img/eg_cute.gif)"><img src="../img/eg_cute.gif" /><span style="color:#CC0000">一列自适应宽度</span></div>
<div id="layout3" style="background:url(../img/eg_cute.gif)"><img src="../img/eg_cute.gif" />
<span style="color:#CC0000">一列固定宽度居中</span></div>
</body>
</html>
```

练习2：制作列表。

【问题描述】

创建如图 5-23 所示的横向图文列表。

图 5-23　横向图文列表

【问题分析】

此图文列表的宽为 500 像素，其中有 3 张图片，并且每张图片下方都带有文字链接。此图文列表的 HTML 代码如下。

```html
<div id="imglist">
<ul>
<li><a href="#" target="_blank"><img src="../img/eg_cute.gif" border="0" /><span>文字标题
    </span></a></li>
<li><a href="#" target="_blank"><img src="../img/eg_cute.gif" border="0" /><span>文字标题
    </span></a></li>
<li><a href="#" target="_blank"><img src="../img/eg_cute.gif" border="0" /><span>文字标题
    </span></a></li>
</ul>
</div>
```

若将此段 HTML 代码复制到 HTML 编辑工具的网页源代码中进行预览，页面必然是错乱的，因此需要进一步完善。

【参考步骤】

(1) 全局定义。

```css
body,td,th {
font-size: 14px;
}
ul,li {
padding:0;
margin:0;
list-style:none;
}
a:hover {
color:#CCFF00;
}
```

(2) 定义容器宽度和列表宽度。

```css
#imglist {
  width:788px;
  border:1px solid #b5b5b5;
  margin:0 auto;
  clear:both;
  height:176px;
  padding:22px 0 0 0;
}
#imglist li {
float:left;
  text-align:center;
  line-height:30px;
  margin:0 0 0 27px;
  width:125px;
```

```
    white-space:nowrap;
    overflow:hidden;
    display:inline;
}
#imglist li span {
    display:block;
}
```

(3) 添加对图片限制的 CSS。

```
#imglist li img {
    width:123px;
    height:123px;
    border:1px solid #b5b5b5;
}
```

单元自测

1. 要想使 DIV 一列固定宽度并居中，则应该设置(　　)。
   A. border:center;　　　　　　　　B. width:center;
   C. margin:auto;　　　　　　　　　D. 以上都不对
2. 无序列表和有序列表的标签名分别是(　　)(多选题)。
   A. ul　　　　B. li　　　　C. ol　　　　D. nl
3. (　　)属性设置只影响所添加图像的显示，而原始图像的大小实际上不会改变。
   A. "宽"和"高"　　　　　　　　　B. 垂直边距、水平边距
   C. 源文件　　　　　　　　　　　　D. 链接
4. 要想使列表横向排列，则应该在 CSS 中添加(　　)属性。
   A. margin　　B. float　　C. display　　D. overflow
5. 要想使列表高度自适应，则应该在 CSS 中添加(　　)属性。
   A. margin　　B. float　　C. display　　D. overflow
6. 超链接 a:hover 表示(　　)。
   A. 未访问的链接　　　　　　　　　B. 已访问的链接
   C. 鼠标移动到链接上　　　　　　　D. 选定的链接
7. 表单包括两个部分，下列选项中属于表单组成部分的是(　　)。
   A. 表单　　　　　　　　　　　　　B. 表单对象
   C. 表单域　　　　　　　　　　　　D. 以上都是

单元小结

- 通过 CSS 可以实现一列固定宽度、一列自适应宽度、页面整体居中等布局样式。
- HTML 列表的高级运用：用图片定义项目符号、创建横向图文列表等。
- 超链接的 4 种样式：a:link、a:visited、a:hover 和 a:active。

完成工单

PJ05 完成广西文旅项目文学艺术模块的布局

本项目重点介绍使用 HTML+CSS 代码实现网站布局与美化的方法。

PJ05 任务目标

- 掌握利用 CSS 进行网页布局的方法。
- 掌握 HTML 列表的应用。
- 掌握超链接的设置方法。

【任务描述】

完成广西文旅项目中文学艺术模块的布局。

【任务分析】

(1) 正确使用 CSS 进行网页布局。

(2) 正确创建 HTML 列表。

(3) 正确设置超链接。

【参考步骤】

(1) 创建新的 HTML 页面，命名为 index.html。

(2) 更改网页中<title>的值为"首页"。

(3) 编写代码，如下所示。

```
<!DOCTYPE htm>
<head>
    <meta charset="UTF-8" />
    <title>首页</title>
</head>
<body>
    <div class="section art" id="art">
        <div class="title">
            <p>文学艺术</p>
            <p>更多>></p>
        </div>
        <div class="news-list">
            <div class="left">
```

```html
<ul class="tw-news">
    <li>
        <a href="">
            <img src="https://www.gxwenlian.com/storage/mocms/20230627/24644dc56c74d9f762d2580e180049b5.jpg" alt="">
        </a>
        <p>龙州壮族山歌精彩亮相"中国花儿大会"民歌展演</p>
    </li>
    <li>
        <a href="">
            <img src="https://www.gxwenlian.com/storage/mocms/20230531/22dd9b90f19a7d5e687b22dcaa43dcaf.png" alt="">
        </a>
        <p>龙州壮族山歌精彩亮相"中国花儿大会"民歌展演</p>
    </li>
</ul>
<ul class="list">
    <li>
        <p>学条例、解民忧、办实事《信访工作条例》实施一周年山歌赛在武鸣举行</p>
        <span>2023-05-31</span>
    </li>
    <li>
        <p>广西7件民间工艺佳作参评中国民间文艺山花奖</p>
        <span>2023-05-31</span>
    </li>
    <li>
        <p>共享共美共进——桂黔滇湘山歌擂台赛、中国南部六省区民歌会在广西忻城圆满举行</p>
        <span>2023-05-24</span>
    </li>
    <li>
        <p>乐业县2023年高山汉族山歌大赛（桂黔湘滇四省区邀请赛）圆满落幕</p>
        <span>2023-05-09</span>
    </li>
    <li>
        <p>唱着情歌去大理！广西民歌唱响中国民歌展·大理情歌汇</p>
        <span>2023-05-09</span>
    </li>
    <li>
        <p>《中国民间文学大系·歌谣·侗族分卷》审稿会在三江召开</p>
        <span>2023-05-06</span>
    </li>
</ul>
```

```html
        </div>
        <div class="right">
            <ul class="list">
                <li>
                    <p>"健康中国我行动 团结奋进心向党——2023
                    "八桂民俗盛典·刘三姐小传人"展评活动获奖名单公示</p>
                    <span>2023-08-01</span>
                </li>
                <li>
                    <p>2023桂黔滇湘山歌擂台赛暨中国
                    南部六省区民歌会活动获奖名单公示</p>
                    <span>2023-05-21</span>
                </li>
                <li>
                    <p>广西土司文化旅游活动周系列活动
                    ——桂黔滇湘山歌擂台赛、中国南部六省区民歌会活动启事</p>
                    <span>2023-05-06</span>
                </li>
                <li>
                    <p>2023"八桂民俗盛典·刘三姐小传人"展评活动征稿启事</p>
                    <span>2023-05-04</span>
                </li>
                <li>
                    <p>"壮族三月三·八桂嘉年华"—乐业县2023年
                    高山汉族山歌大赛（桂黔滇湘四省邀请赛）获奖名单公示</p>
                    <span>2023-05-03</span>
                </li>
                <li>
                    <p>广西民间文艺家协会关于组织参加"第十六届
                    中国民间文艺山花奖·优秀民间工艺美术作品"初评活动的通知</p>
                    <span>2023-04-26</span>
                </li>
                <li>
                    <p>2023年全区第九届壮欢山歌擂台赛暨
                    "八桂民俗盛典·壮族三月三"民谣歌会获奖名单公示</p>
                    <span>2023-04-17</span>
                </li>
                <li>
                    <p>关于招募中国民间文化进校园志愿服务讲师的通知</p>
                    <span>2023-04-11</span>
                </li>
                <li>
                    <p>2023年广西民间文艺家协会第一批新会员公示</p>
                    <span>2023-04-03</span>
                </li>
                <li>
                    <p>关于举办第十六届中国民间文艺山花奖
```

```html
                            ·优秀民间文学作品评奖活动的通知</p>
                            <span>2023-03-28</span>
                        </li>
                        <li>
                            <p>关于举办第十六届中国民间文艺山花奖
                            ·优秀民间文艺学术著作评奖活动的通知</p>
                            <span>2023-02-15</span>
                        </li>
                        <li>
                            <p>2023年"我们的节日·春节""文化进万家
                            玉兔迎新春"广西民间文艺原创作品网络展征集启事</p>
                            <span>2023-01-21</span>
                        </li>
                    </ul>
                </div>
            </div>
        </div>
    </body>
</html>
```

(4) 创建新的 CSS 文件，命名为 index.css，修改 CSS 代码，如下所示。

```css
/* 添加 CSS 样式 */
body {
    font-family: Arial, sans-serif;
    margin: 0;
    padding: 0;
    background-color: #f7f7f7;
}
.section {
    width: 1250px;
    background-color: #fff;
    margin: 20px auto;
    padding: 10px 20px;
    border-radius: 5px;
    box-shadow: 0 0 5px rgba(0, 0, 0, 0.1);
}

.section p {
    color: #666;
}

footer {
    background-color: #333;
    color: #fff;
    padding: 10px;
    text-align: center;
}
```

```css
.list {
    display: flex;
    flex-wrap: wrap;
    padding: 0;
    margin: 0;
}

.product .list-item {
    border: 1px solid rgba(232, 232, 232, 1);
    width: 220px;
    display: flex;
    justify-content: center;
    flex-direction: column;
    transition-property: all;
    transition-duration: 0.5s;
}

.art .title {
    display: flex;
    justify-content: space-between;
}

.art .title p:first-child {
    font-size: 20px;
    color: #bc1506;
    padding-bottom: 5px;
    border-bottom: 3px solid #bc1506;
}

.art ul.tw-news {
    display: flex;
    list-style: none;
    padding-left: 20px;
}

.art .tw-news li {
    width: 281px;
    margin-right: 15px;
}

.art .tw-news a {
    overflow: hidden;
    width: 100%;
    height: 163px;
    display: inline-block;
}
```

```css
.art ul img {
        width: 100%;
        height: 100%;
        transition: all 0.5s ease 0s;
}

.art ul img:hover {
        transform: scale(1.05);
}

.art .news-list {
        display: flex;
        width: 100%;
}

.art .news-list .left {
        margin-right: 25px;
}

.art .news-list>div {
        flex: 1;
}

.art .news-list .left .list {
    display: flex;
    flex-direction: column;
    color: #bc1506;
        margin: 0 20px;
}

.art .news-list .right .list {
    display: flex;
    flex-direction: column;
    color: #bc1506;
}

.art .news-list .left .list li,
.art .news-list .right .list li {
    height: 48px;
    line-height: 48px;
    color: #bc1506;
}

.art .news-list .left .list li p,
.art .news-list .right .list li p {
    width: 82%;
```

```css
    overflow: hidden;
    text-overflow: ellipsis;
    white-space: nowrap;
    float: left;
    margin: 0;
        padding: 0;
}

.art .news-list .right .list li p {
    width: 500px;
}

.art .news-list .left .list li span,
.art .news-list .right .list li span {
    float: right;
}
```

(5) 在网页中<title>标签的下方添加<link>标签，引入 index.css 文件，代码如下所示。

```html
<link rel="stylesheet" href="css/index.css">
```

(6) 按快捷键 F12，在 Chrome 浏览器中查看 index.html 页面，效果如图 5-24 所示。

图 5-24　文学艺术模块最终效果图

PJ05 评分表

序号	考核模块	配分	评分标准
1	完成广西文旅项目文学艺术模块的布局	90 分	1. 正确进行 CSS 布局(30 分) 2. 实现 HTML 列表展示(30 分) 3. 正确设置超链接(10 分) 4. 页面整洁美观(20 分)
2	编码规范	10 分	文件名、标签名、缩进等符合编码规范(10 分)

工单评价

任务名称	PJ05. 广西文旅项目文学艺术模块的布局				
工号		姓名		日期	
设备配置		实训室		成绩	
工单任务	完成广西文旅项目文学艺术模块的布局。				
任务目标	1. 应用 CSS 布局网页。 2. 正确创建 HTML 列表。 3. 正确设置超链接。				

任务编号	开始时间	完成时间	工作日志	完成情况
PJ05				

学生自我评价：
请根据任务完成情况进行自我评估，并提出改进方法。
技术方面

素养方面

教师评价：
1. 对学生的任务完成情况进行点评。

2. 学生本次任务的成绩。

名胜古迹模块的展示

项目简介

- 本项目旨在通过对CSS浮动和定位的学习来完成广西文旅项目名胜古迹模块的展示。
- 熟悉盒模型常用属性的使用方法。

工单任务

任务名称		PJ06. 广西文旅项目名胜古迹模块的展示			
工号		姓名		日期	
设备配置		实训室		成绩	
工单任务	1. 完成广西文旅项目名胜古迹模块的布局。 2. 完成广西文旅项目名胜古迹模块的美化。				
任务目标	1. 使用常用的标签对页面进行合理布局。 2. 使用适当的排版和布局技巧，确保模块内容呈现清晰、易于阅读、整齐美观。				

一、课程目标与素养发展

1. 技术目标

(1) 掌握 CSS+DIV 的布局方法。

(2) 掌握盒模型的概念及相关属性的使用方法。

(3) 掌握 CSS 浮动和定位的定义和使用。

2. 素养目标

(1) 自觉遵守基本道德规范，以道德律己。

(2) 加深对人文风俗和民族文化的了解。

(3) 具备数据收集与分析的能力。

(4) 养成良好的编码习惯。

二、决策与计划

任务 1：完成广西文旅项目名胜古迹模块的布局

【任务描述】
在网页中完成广西文旅项目名胜古迹模块的布局。

【任务分析】
(1) 编写一个 DIV 盒子用于呈现名胜古迹模块，并使其在浏览器中水平居中。

(2) 可利用元素的浮动，使得该模块中用于展示各个景点信息的盒子每行排列 3 个，并保留适当的外边距。

【任务完成示例】

任务 2：完成广西文旅项目名胜古迹模块的美化

【任务描述】

对项目中的名胜古迹模块进行美化。

【任务分析】

(1) 为景点名称和简介添加适合的 CSS 样式，达到美观的效果。

(2) 为<div>和<img>标签添加 border-radius 属性。

(3) 使用绝对定位，把景点级别信息放在图片左上角，区分颜色，并且对其设置适合的 CSS 样式。

【任务完成示例】

三、实施

1. 任务

内容	要求
完成广西文旅项目名胜古迹模块的布局	1. 正确书写 HTML 代码和 CSS 代码。 2. 使用浮动的知识进行景点展示。
对名胜古迹模块进行美化	1. 使用绝对定位的知识将景区级别信息摆放在图片左上角。 2. 为<div>和<img>标签添加 border-radius 属性。 3. 对整个模块进行美化。

2. 注意事项

(1) 编辑器使用 HBuilderX 2.6(或以上版本)或 VSCode 1.5(或以上版本)。

(2) 功能实现完整，并且调试无误。

(3) 按编码规范进行编码。

工作手册

　　DIV+CSS 网页布局一直以来都是制作网站的常用方法，合理且有意义的布局可以使网站更具吸引力。

6.1　理解表现和结构分离

　　我们常看见 Web 标准的好处之一是"能做到表现和结构相分离"，这到底是什么意思呢？下面以一个实际的例子来详细说明。首先我们必须明白一些基本的概念——内容、结构、表现。

6.1.1　什么是内容、结构、表现

1. 内容

　　内容就是页面实际要传达的真正信息，包含数据、文档或图片等。注意，这里强调的"真正"，是指纯粹的数据信息本身。例如，下面这段文本就是页面要传达的真正信息。

　　忆江南(1)唐.白居易江南好，风景旧曾谙。(2)日出江花红胜火，春来江水绿如蓝，(3)能不忆江南？作者介绍 772－846，字乐天，太原(今属山西)人。唐德宗朝进士，元和三年(808)拜左拾遗，后贬江州(今属江西)司马，移忠州(今属四川)刺史，又为苏州(今属江苏)、同州(今属陕西大荔)刺史。晚居洛阳，自号醉吟先生、香山居士。其诗政治倾向鲜明，重讽喻，尚坦易，为中唐大家。也是早期词人中的佼佼者，所作对后世影响甚大。注释(1)据《乐府杂录》，此词又名《谢秋娘》，系唐·李德裕为亡姬谢秋娘所作，又名《望江南》、《梦江南》等。分单调、双调两体，单调二十七字，双调五十四字，皆平韵。(2)谙(音安)：熟悉。(3)蓝：蓝草，其叶可制青绿染料。品评此词写江南春色，首句"江南好"，以一个既浅切又圆活的"好"字，道尽江南春色的种种佳境，而作者的赞颂之意与向往之情也尽寓其中。同时，唯因"好"之已甚，方能"忆"之不休，因此，此句又以问语结句"能不忆江南？"，并与之相关合。次句"风景旧曾谙"，点明江南风景之"好"，并非得之传闻，而是作者出牧杭州时的亲身体验与感受。这就既落实了"好"字，又照应了"忆"字，勾勒了一幅颇为美妙的精彩画面。三、四两句对江南之"好"进行了形象化的演绎，突出渲染江花、江水红绿相映的明艳色彩，给人以光彩夺目的强烈印象。其中，既有同色间的相互烘托，又有异色间的相互映衬，充分显示了作者善于着色的技巧。篇末，以"能不忆江南？"收束全词，既寄托出生在洛阳的作者对江南春色的无限赞叹与怀念，又造成一种悠远而又深长的韵味，把读者带入余情摇漾的境界中。

2. 结构

上面这段文本虽然信息完整，但是结构混乱，难以阅读和理解，需要进行结构调整，划分出标题、正文、作者介绍、注释、品评等。

标题　忆江南(1)
作者　唐.白居易
正文
江南好，风景旧曾谙。(2)
日出江花红胜火，春来江水绿如蓝，(3)
能不忆江南？
节 1　作者介绍
772-846，字乐天，太原(今属山西)人。唐德宗朝进士，元和三年(808)拜左拾遗，后贬江州(今属江西)司马，移忠州(今属四川)刺史，又为苏州(今属江苏)、同州(今属陕西大荔)刺史。晚居洛阳，自号醉吟先生、香山居士。其诗政治倾向鲜明，重讽喻，尚坦易，为中唐大家。也是早期词人中的佼佼者，所作对后世影响甚大。
节 2　注释
列表
(1) 据《乐府杂录》，此词又名《谢秋娘》，系唐·李德裕为亡姬谢秋娘所作，又名《望江南》、《梦江南》等。分单调、双调两体，单调二十七字，双调五十四字，皆平韵。
(2) 谙(音安)：熟悉。
(3) 蓝：蓝草，其叶可制青绿染料。
节 3　品评
此词写江南春色，首句"江南好"，以一个既浅切又圆活的"好"字，道尽江南春色的种种佳境，而作者的赞颂之意与向往之情也尽寓其中。同时，唯因"好"之已甚，方能"忆"之不休，因此，此句又以问语结句"能不忆江南？"，并与之相关合。次句"风景旧曾谙"，点明江南风景之"好"，并非得之传闻，而是作者出牧杭州时的亲身体验与感受。这就既落实了"好"字，又照应了"忆"字，勾勒了一幅颇为美妙的精彩画面。三、四两句对江南之"好"进行了形象化的演绎，突出渲染江花、江水红绿相映的明艳色彩，给人以光彩夺目的强烈印象。其中，既有同色间的相互烘托，又有异色间的相互映衬，充分显示了作者善于着色的技巧。篇末，以"能不忆江南？"收束全词，既寄托出身在洛阳的作者对江南春色的无限赞叹与怀念，又造成一种悠远而又深长的韵味，把读者带入余情摇漾的境界中。

3. 表现

上面这段文本虽然定义了结构，但是样式没有改变。例如，标题的字号、位置、粗细等都没有改变。所有用来改变内容外观的东西，我们将其称为"表现"。将上面的文本用"表现"处理后的效果如图6-1所示。

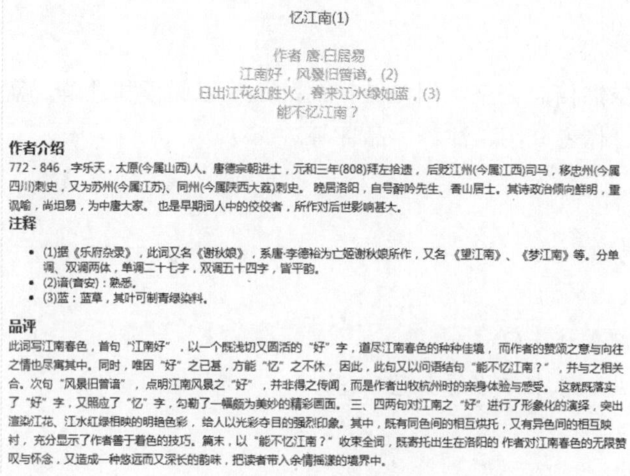

图 6-1 添加"表现"

很明显，标题的字号变大了并居中显示，小标题也加粗了。所有这些，都是"表现"的作用。它使内容主次分明，重点突出。有个形象的比喻：内容是模特，结构用于标明头和四肢等部位，表现则是服装，将模特打扮得漂漂亮亮。

6.1.2 DIV 与 CSS 结合的优势

1. 有助于减少冗余代码

在 HTML 中直接编写样式(如使用内联样式)往往会产生大量冗余代码。通过将样式放在单独的 CSS 文件中，可以更容易地识别和管理这些样式规则，从而减少冗余代码并提高代码质量。

2. 提高搜索引擎对网页的索引效率

使用只包含结构化内容的 HTML 代替过度嵌套的标签，可以使搜索引擎更有效地索引用户的网页内容，从而获得用户的较高评价。

3. 代码简洁，提高页面浏览速度

对于同一个页面视觉效果，采用 CSS+DIV 重构的页面容量要比 TABLE 编码的页面文件容量小得多，前者一般只有后者的一半大小，代码会更加简洁。对于一个大型网站来说，可以节省大量带宽，并且支持浏览器的向后兼容。

4. 易于维护和改版

内容和样式的分离，使内容和样式的调整变得更加方便。只要简单地修改几个 CSS 文件就可以重新设计整个网站的页面。现在，YAHOO、MSN 等国际门户网站，网易、新浪等国内门户网站，以及主流的 Web 网站，均采用 DIV+CSS 的框架模式，更加印证了

DIV+CSS 是大势所趋。

6.1.3 怎么改善现有的网站

大部分的设计师依旧采用传统的表格布局、表现与结构混杂在一起的方式来建设网站。学习使用 XHTML+CSS 的方法需要一个过程，使现有网站符合网站标准也不可能一步到位，最好的方法是循序渐进，分阶段来逐步达到完全符合网站标准的目标。如果用户是新手，或者对代码不是很熟悉，也可以采用遵循标准的编辑工具，如 HBuilderX，它是目前支持 CSS 标准非常完善的工具。

1. 初级改善

1) 为页面添加正确的 DOCTYPE

很多设计师和开发人员不知道什么是 DOCTYPE，也不知道 DOCTYPE 有什么用。DOCTYPE 是 document type 的简写，主要用来说明用户使用的 XHTML 或 HTML 是什么版本。浏览器根据 DOCTYPE 定义的 DTD(document type definition，文档类型定义)来解释页面代码。因此，一旦设置了错误的 DOCTYPE，结果就会大相径庭。XHTML 1.0 提供了以下 3 种类型的 DOCTYPE。

(1) 过渡型(transitional)。

```
<!DOCTYPE html PUBLIC "-//W3C//DTD XHTML 1.0 Transitional//EN"
    "http://www.w3.org/TR/xhtml1/DTD/xhtml1-transitional.dtd">
```

(2) 严格型(strict)。

```
<!DOCTYPE html PUBLIC "-//W3C//DTD XHTML 1.0 Strict//EN"
    "http://www.w3.org/TR/xhtml1/DTD/xhtml1-strict.dtd">
```

(3) 框架型(frameset)。

```
<!DOCTYPE html PUBLIC "-//W3C//DTD XHTML 1.0 Frameset//EN"
    "http://www.w3.org/TR/xhtml1/DTD/xhtml1-frameset.dtd">
```

初级改善，只要选用过渡型的声明就可以了，它依然可以兼容表格布局、表现标识等，不至于让用户觉得变化太大，难以掌握。

2) 设定一个名字空间(namespace)

直接在 DOCTYPE 声明后面添加如下代码。

```
<html xmlns="http://www.w3.org/1999/xhtml" >
```

namespace 是收集元素类型和属性名字的一个详细的 DTD，namespace 声明允许用户通过一个在线地址指向来识别用户的 namespace，只要照样输入代码即可。

3) 声明用户的编码语言

为了被浏览器正确解释和通过标识校验，所有的 XHTML 文档都必须声明它们所使用的编码语言。声明编码语言的代码如下：

```
<meta http-equiv="Content-Type" content="text/html; charset=GB2312" />
```

这里声明的编码语言是简体中文 GB2312，如果用户需要制作繁体内容，则可以定义为 BIG5。

4) 用小写字母书写所有的标签

XHTML 是区分大小写的，所有的 XHTML 元素和属性的名字都必须小写，否则文档将被 W3C 校验认为是无效的。例如，下面的代码是不正确的。

```
<TITLE>公司简介</TITLE>
```

正确的写法如下。

```
<title>公司简介</title>
```

同样地，<P>应改为<p>，<B>应改为<b>，等等。这步转换很简单。

5) 为图片添加 alt 属性

为所有图片添加 alt 属性。添加 alt 属性可以在图片不能显示时转而显示代替图片的文本，这样做对正常用户来说作用不大，但对使用纯文本浏览器和屏幕阅读器的用户来说是至关重要的。只有添加了 alt 属性，代码才会被 W3C 校验通过。值得注意的是，要添加有意义的 alt 属性。例如，无意义的 alt 属性如下。

```
<img src="logo_unc_120x30.gif" alt="logo_unc_120x30.gif">
```

有意义的 alt 属性如下。

```
<img src="logo_unc_120x30.gif" alt="UNC 公司标志，单击返回首页">
```

6) 给属性值加引号

在 HTML 中，属性值可以不加引号，但是在 XHTML 中，属性值必须加引号。例如，height="100"是正确的，height=100 是错误的。

7) 关闭所有标签

在 XHTML 中，每一个打开的标签都必须关闭，如下所示。

```
<p>每一个打开的标签都必须关闭。</p>
<b>HTML 可以接受不关闭的标签，XHTML 就不可以。</b>
```

这个规则可以避免 HTML 的混乱和麻烦。例如，如果用户不关闭图像标签，在一些浏览器中就可能出现 CSS 显示问题，而关闭标签能确保显示的页面和用户设计的一样。需要说明的是，空标签也要关闭，在标签尾部使用一个正斜杠"/"来关闭它们即可，如下所示。

```
<br />
<img src="webstandards.gif" />
```

按照上述 7 个规则处理后，页面就基本符合 XHTML 1.0 的要求了，但还需要校验一下是否真的符合标准。我们可以利用 W3C 提供的免费校验服务(http://validator.w3.org/)进行校检，发现错误后逐个修改。后面的资源列表中也提供了其他校验服务和对校验进行指导的网址，这些内容可以作为 W3C 校验的补充。

2. 中级改善

中级改善主要体现在结构和表现相分离，它不像初级改善那么容易实现，用户需要进行观念上的转变，以及对 CSS 技术的学习和运用。如果用户一直采用表格布局，根本没用过 CSS，也不必急于和表格布局说再见，可以先用样式表代替 font 标签，随着所学知识的增多，能做的就越多。中级改善主要包括以下 3 点。

1) 用 CSS 定义元素外观

人们在写标签时已经养成习惯，总是认为<h1>的意思是大字号、<li>的意思是圆点、<b>的意思是加粗文本。而实际上，通过 CSS，<h1>还能变成小的字号，<p>能够变成巨大的粗体，<li>能够变成一张图片，等等。不能强迫用结构元素实现表现效果，应该使用 CSS 来确定元素的外观。例如，编写以下代码可以使原来默认的 6 级标题看起来大小一样。

```
h1, h2, h3, h4, h5, h6{ font-family: 宋体, serif; font-size: 12px; }
```

2) 用结构化元素代替无意义的标签

许多人可能从来都不知道HTML和XHTML元素的设计本意是用来表达结构的，人们已经习惯用元素来控制表现，而不是结构。例如，一段列表内容可能会使用以下标签。

```
句子一<br /> 句子二<br /> 句子三<br />
```

如果采用一个无序列表代替会更好，如下所示。

```
<ul> <li>句子一</li> <li>句子二</li> <li>句子三</li> </ul>
```

你或许会说："<li>显示的是一个圆点，我不想用圆点。"事实上，CSS 没有设定元素看起来是什么样子，用户完全可以用 CSS 关掉圆点。

3) 给每个表格和表单加上 id

给表格或表单赋予一个唯一的、结构的标记，例如：

```
<table id="menu">
```

接下来，在书写样式表时，用户就可以创建一个 menu 选择器，并且关联一个 CSS 规则，用来定义表格单元、文本标签和所有其他元素如何显示。只需要一个附着的标记(标记 menu 的 id 标记)，用户就可以在一个分离的样式表内为干净的、紧凑的代码标记进行特别的表现层处理。

关于中级改善，这里先列示以上 3 点内容，其中包含的知识点非常多，需要用户逐步学习和掌握，直到最后实现完全采用 CSS 而不采用任何表格实现布局。

6.2 DIV 概述

6.2.1 DIV 是什么

DIV 与其他 XHTML 标签一样是一个 XHTML 所支持的标签。当用户使用表格时，与应用<table></table>这样的结构一样，DIV 在使用时也以<div></div>的形式出现。DIV 是一个容器，XHTML 页面中的每一个标签对象几乎都可以称得上是一个容器。例如，使用 h1 标题对象如下所示。

```
<h1>厚溥教育</h1>
```

h1 作为一个容器，其中放置了内容。DIV 同样也是一个容器，能够放置内容，如下所示。

```
<div>HTML 网页设计</div>
```

DIV 是 XHTML 中指定的专门用于进行布局设计的容器对象。在传统的表格布局中进行页面的排版布局设计，完全依赖于表格对象 table。在页面中绘制一个或多个单元格组成的表格，在相应的表格中放入内容，通过控制表格单元格的位置，达到布局排版的目的，这是表格式布局的核心内容。而在今天，人们所接触的是一种全新的布局方式——CSS 布局，这种布局的核心对象则是 DIV。从 DIV 的使用上说，进行简单的页面布局不需要依赖表格，只需要依赖两样东西——DIV 和 CSS，因此也有人将 CSS 布局称为 DIV+CSS。

6.2.2 如何使用 DIV

与其他 XHTML 对象一样，只需要应用<div></div>的标签形式，将内容放置其中，便可以应用 DIV。但是请注意一点，DIV 的作用是把内容表示成一个区域，并不负责完成其他事情。DIV 只是 CSS 布局工作的第一步，用于将页面中的内容元素标记出来。例如，创建导航栏就可以使用 DIV 标识出一个导航栏的区域，而导航栏的具体样式与 DIV 无关，而是由 CSS 来定义。

DIV 中不仅可以放入文本，也可以放入其他标签，还可以将多个 DIV 标签进行嵌套使用，最终的目的是合理地标识出页面区域。

同其他 XHTML 对象一样，可以在 DIV 中加入其他属性，如 id、class、align、style 等。而在 CSS 布局方面，为了实现内容与表现的分离，不应当将 align 对齐属性与 style 行间样式属性编写在 XHTML 页面的 DIV 标签之中。因此，DIV 最终代码只可能拥有以下两种形式。

```
<div id="id 名称">厚溥教育</div>
<div class="class">HTML 网页设计</div>
```

使用 id 属性，可以为当前 DIV 指定一个 id 名称，而在 CSS 中使用 id 选择符进行样式编写，同样可以使用 class 属性，在 CSS 中使用 class 选择符进行样式编写。

> **注意:**
> 在 XHTML 页面中,同一个名称的 id 值只能使用一次,而 class 名称则可以重复使用。

6.2.3 理解 DIV

在一个没有任何 CSS 应用的页面中,即使应用了 DIV,也没有实际效果。那么该如何理解 DIV 在布局上所带来的不同呢?下文会给出答案。

通常,在设计表格时,进行左右分栏或上下分栏都能够在浏览器预览中直接看到分栏的效果。表格自身的代码形式,决定了两块内容在浏览器中分别显示在左单元格与右单元格之中。因此,不管是否应用了表格线,都可以使人们明确地知道内容存在于两个单元格之中,都会达到分栏的效果。而 DIV 布局则有所不同,我们先来尝试编写两个 DIV,用于进行左分栏与右分栏,代码如下。

```
<div>左分栏</div>
<div>右分栏</div>
```

此时在浏览器中能够看到的仅仅是出现了两行文字,并没有显示 DIV 的任何特征。实际上,这样的效果表达了两个信息。

首先,"左分栏"与"右分栏"这两段文字不是并排显示的,而是上下显示的,这说明 DIV 对象本身是占据整行的一种对象,不允许其他对象与它在一行中并列显示。用 W3C 的官方话来说就是,DIV 是一个 block 对象。XHTML 中的所有对象几乎都可以划分以下两种类型。

(1) block 对象。block 对象也称为块状对象、块级元素,是指当前对象显示为一个方块,默认的显示状态下将占据整行,其他对象在下一行显示。

(2) in-line 对象。in-line 对象也称为行间对象、内联元素。它与 block 对象相反,它允许下一个对象与它本身在一行中进行显示。

块状的 DIV 也说明 DIV 在页面中并非用于类似于文本的行间排版,而是用于大面积、大区域的块状排版。

其次,从页面效果来看,网页中除了文字之外,没有任何其他效果。两个 DIV 之间的关系只是前后关系,并没有出现类似于表格的田字形的组织形式,这说明 DIV 本身与样式没有任何关系,样式需要通过编写 CSS 来实现,因此 DIV 从本质上实现了结构与样式的分离。

这样做的好处是,DIV 的最终样式由用户根据 CSS 的功能来编写,既可以设置为左右分栏的样式,也可以设置为上下分栏的样式。而运用表格布局则不行,当定义了表格为 2×4 的版式时,就不能直接将其转换为 4×2 或其他单元格组织形式。DIV 的这种与样式无关的特性,使其在设计中拥有巨大的可伸缩性,用户可以根据自己的想法来改变 DIV 的样式,不再拘泥于单元格的固定模式。

因此，在 CSS 布局中所要做的工作可以简单归集为两个步骤：第一步使用 DIV 将内容标记出来；第二步在 DIV 中编写所需的 CSS 样式。

6.2.4 并列与嵌套 DIV 结构

1. 并列 DIV

在使用 DIV+CSS 设计的网页中，经常需要设置多个 DIV 并列，往往使用 float:left 或 float:right 来实现。但这样做会出现一个问题：当前面并列的多个 DIV 总宽度不足 100%时，下面的 DIV 就很可能向上排列，和上一行并列的 DIV 排在同一行，这不是我们想要的结果。这时，使用 clear 属性可以很好地解决这一问题。

当图片和文字元素出现在另外的元素中时，它们(图片和文字)称为浮动元素(floating element)。使用 clear 属性可以清除浮动元素对布局的影响，代码如示例 6-1 所示。

示例 6-1：

```
<style type="text/css">
.LeftText{
    margin: 3px;
    float: left;
    height: 180px;
    width: 170px;
    border: 1px solid #B1D1CE;
    background-color: #F3F3F3;
}
.FootText{
    height: 180px;
}
.Clear
{
    clear:both;
}
</style>
<div class="LeftText">区块 1</div>
<div class="LeftText">区块 2</div>
<div class="Clear"></div>
<div class="FootText">区块 3</div>
```

如果没有 Clear 这一层，"区块 3"会紧接"区块 2"并列显示在同一行。加了 Clear 这一层后，会把上面的浮动元素的影响清除，使其不影响下面 DIV 的布局。

2. 嵌套 DIV

DIV 可以进行多层嵌套使用，嵌套是为了实现更复杂的页面排版。例如，当设计一个网页时，首先要有整体布局，需要具备头部、中部和底部，这也许会产生一个较复杂的 DIV 结构，如示例 6-2 所示。

示例 6-2：

```
<div id="header">厚溥教育优化</div>
<div id="center">
<div id="left">Hopeful</div>
<div id="right">HTML</div>
</div>
<div id="footer">厚溥教育</div>
```

上述代码为每个 DIV 定义了 id 和名称以供识别。id 为 header、center 和 footer 的 3 个 DIV 对象之间属于并列关系，一个接着一个。它们在网页的布局结构中属于垂直方向的布局。

而在 center 之中，因内容需要，需进行左右分栏的布局。因此，在 center 之中又设置了两个 id 分别为 left 与 right 的 DIV。这两个 DIV 本身是并列关系，而它们都处于 center 之中，因此它们与 center 形成了一种嵌套关系。如果它们两个被样式控制为左右显示，那么它们最终的布局关系应当为水平方向的布局。

通常，网页布局由这些嵌套着的 DIV 构成，无论多么复杂的布局形式，都可以使用 DIV 之间的并列与嵌套来实现。

> 注意：
> 应当尽可能少地使用嵌套，以保证浏览器不用过分消耗资源来对嵌套关系进行解析。

6.2.5 使用合适的对象来布局

有时会发生这样的情况：在 header 区域中，有必要显示网页标题，但 header 区域中除了标题，可能还有其他对象出现，如导航菜单等，因此从布局关系上来看，需要两个对象来分别标识 header 区域中的这两个元素。同样地，这可以使用 DIV 来完成，其代码如示例 6-3 所示。

示例 6-3：

```
<div id="header">
<div id="title">厚溥教育</div>
<div id="nav">HTML 网页设计</div>
</div>
```

这样编写代码可以吗？答案是可以，从语法上来说没有任何错误，符合布局的规范。但是，从网页结构与优化上来看，这种做法是不科学的。XHTML 中不仅有 DIV 标签，还有其他标签，每个标签都有自己的作用。虽然可以完全使用 DIV 来构建布局，但最终的页面将是一个全部由 DIV 组成的网页，可读性并不高，全篇的 DIV 反而成了复杂的没有任何含义的代码。正确的做法是选用符合需要的其他 XHTML 标签，合理地替代 DIV，改进后的代码如示例 6-4 所示。

示例 6-4：

```
<div id="header">
<h1>厚溥教育</h1>
<ul> HTML 网页设计</ul>
</div>
```

<h1>…<h6>表示一级标题到六级标题，因此使用<h1>标签来标识标题再合适不过。而导航栏一般由多个导航项组成，无序列表正好可以满足这样的需求，因此可以使用<ul>标签来标识导航栏，再使用<li>标签对每个导航项进行标识，这样就组成了新的代码结构。Web 标准推荐使用尽可能符合页面中元素意义的标签来标识元素。在以往的表格布局之中，无论是<h1>还是<ul>，这些标签几乎都不常见到，主要原因就是所有的对象形式都被表格所替代，页面可读性差，也没有任何伸缩性可言。而在 CSS 布局之中，一般会尽可能多地使用 XHTML 所支持的各种标签，网页对象拥有良好的可读性，通过 CSS 的进一步定义，其样式表现能力丝毫不比表格布局差，而且提供了比表格布局更多的样式控制方法。这是 CSS 布局的基本优势。

6.3 盒模型详解

6.3.1 什么是盒模型

CSS 定义所有的元素都可以拥有像盒子一样的外形和平面空间，即都包含边界、边框、补白、内容区域和背景(包括背景色和背景图像)，这就是盒模型。盒模型如同工厂模具一样，它规范了网页元素的显示基础。盒模型关系到网页设计中的排版、布局、定位等操作，任何一个元素都必须遵循盒模型规则。

6.3.2 盒模型的细节

W3C 组织建议把所有网页上的对象都放在一个盒(box)中，设计师可以通过创建定义来控制这个盒的属性，这些对象包括段落、列表、标题、图片，以及层。盒模型主要定义内容(content)、外边距(margin)、内边距(padding)和边框(border)4 个区域，如图 6-2 所示。

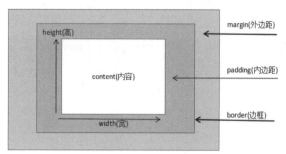

图 6-2　盒模型

content(内容)又包括两个元素，分别是 width(宽)和 height(高)，分别用于确定 content 的宽度和高度。

margin(外边距)是指元素边框外部的空间，用于控制元素之间的间距。

padding(内边距)是指元素边框与内部内容之间的空间，用于控制内容与边框之间的间距。

border 是指边框，可以将边框定义为不同的样式，如单边框、虚线边框、实线边框、双边框、没有边框等，代码如示例 6-5 所示。

示例 6-5：

```
<html>
<head>
<meta charset="UTF-8">
<title>边框样式</title>
<style type="text/css">
#none{border:none;}
#dot{border: 3px dotted   #000000;}
#dotted{border: 3px dashed   #000000;}
#solid{border: 3px solid #000000;}
#double{border: 3px double   #000000;border-width: 3px;}
#rut{border: 3px groove   cadetblue;}
#shape{border: 3px ridge   red;}
#inset{border: 3px inset deepskyblue;}
#outset{border: 3px outset   lightcoral;}
</style>
</head>
<body>
<div id="none">我没有边框</div><br />
<div id="dot">点状边框</div><br />
<div id="dotted">虚线边框</div><br />
<div id="solid">实线边框</div><br />
<div id="double">双线边框</div><br />
<div id="rut">3D 凹槽边框</div><br />
<div id="shape">3D 垄状边框</div><br />
<div id="inset">3D inset 边框</div><br />
<div id="outset">3D outset 边框</div>
</body>
</html>
```

边框样式如图 6-3 所示。

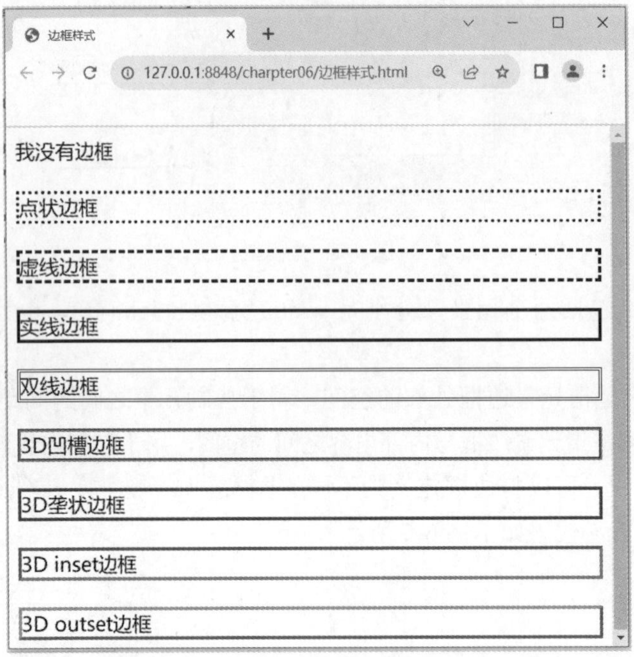

图 6-3 边框样式

6.3.3 上下 margin 叠加问题

边界叠加是一个非常容易理解的概念。但是，在实践中对网页进行布局时，人们往往容易混淆。简单地说，当两个垂直边界相遇时，它们将形成一个边界。这个边界的高度等于两个发生叠加的边界的高度中的较大者。

下面是发生叠加的几种情况。

(1) 元素的顶边界与前面元素的底边界发生叠加，如图 6-4 所示。

(2) 元素的顶边界与父元素的顶边界发生叠加，如图 6-5 所示。

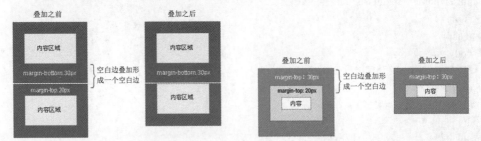

图 6-4 边界叠加示例 1　　　　　　图 6-5 边界叠加示例 2

(3) 元素的顶边界与底边界发生叠加，如图 6-6 所示。

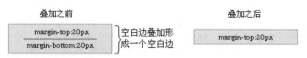

图 6-6 边界叠加示例 3

(4) 空元素中已经叠加的边界与另一个空元素的边界发生叠加,如图 6-7 所示。

图 6-7 边界叠加示例 4

(5) 边界叠加使元素之间产生了一致的距离,如图 6-8 所示。

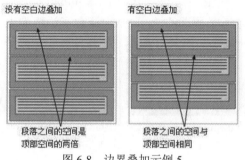

图 6-8 边界叠加示例 5

6.3.4 左右 margin 加倍问题

当 box 为 float 时,IE 6 中 box 左右的 margin 会加倍,代码如示例 6-6 所示。

示例 6-6:

```
<!DOCTYPE html>
<html>
<head>
<meta charset="UTF-8" />
<title>左右 margin 加倍</title>
<style>
.outer {
    width:500px;
    height:200px;
    background:#000;
}
.inner {
    float:left;
    width:200px;
    height:100px;
```

```
            margin:5px;
            background:#fff;
        }
    </style>
</head>
<body>
    <div class="outer">
        <div class="inner"></div>
        <div class="inner"></div>
    </div>
</body>
</html>
```

当运行上述代码时,左边的 inner 盒子的 margin 外边距大于预期的 5px,如图 6-9 所示。为了解决此问题,设置 inner 盒子的 display 属性为 inline 来调整其外边距的显示。这样,inner 盒子的外边距将更接近于预期的 5px,从而避免了边距偏大的问题,如图 6-10 所示。

图 6-9 未设置 display:inline 的效果　　图 6-10 已设置 display:inline 的效果

6.4 完善盒模型

在 CSS3 中,为了丰富盒模型的视觉表现,引入了一系列新的属性。这些属性扩展了盒模型显示的方式,有助于设计师创建更加独特和吸引人的界面。以下将从三个方面来介绍这些新属性及其效果。

6.4.1 边框显示方式定义

普通情况下的盒模型都是正方形的,在页面中看起来不是很美观。如何使盒子的四个角变成漂亮的弧形?在 CSS2 中,如果想要实现这种效果,就需要对每个角使用不同的图片,因此就需要准备 4 张图片,操作起来比较麻烦,但在 CSS3 中,仅仅通过 border-radius 属性就能够实现这种效果。

设置圆角边框的代码如示例 6-7 所示。

示例 6-7:

```
<html>
<head>
<meta charset="UTF-8">
```

```
    <title>盒模型圆角显示</title>
<style type="text/css">
    div{
        width: 300px;
        padding: 20px;
        background-color: gray;
        text-align: center;
        border: 2px solid darkred;
        border-radius: 40px;
    }
</style>
</head>
<body>
    <div>使用 border-radius 属性向元素中添加圆角</div>
</body>
</html>
```

显示效果如图 6-11 所示。

图 6-11　圆角边框示例

除此之外，如果能添加一些图片，盒模型可能会美观许多。在 CSS3 中，可以通过 border-image 属性来设置带有图片的边框。

设置图片边框的代码如示例 6-8 所示。

示例 6-8：

```
<html>
<head>
<meta charset="UTF-8">
    <title>盒模型图片边框显示</title>
<style type="text/css">
    div{
        border: 25px solid transparent;
        width: 300px;
        padding: 10px 20px;
    }
    #round{
        border-image: url(../img/xiaotubiao.png)　30　30 round;
    }
```

```
        #picture{
            border-image: url(../img/xiaotubiao.png) 30 30 stretch;
        }
    </style>
</head>
<body>
        <div id="round">平铺图片显示边框</div>
        <br>
        <div id="picture">拉伸图片显示边框</div>
</body>
</html>
```

显示效果如图 6-12 所示。

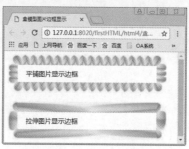

图 6-12　图片边框示例

6.4.2　溢出处理

在设计页面时，不得不考虑一个问题：当盒子的内容超出盒子的边界时该怎么处理？在 CSS2 中，overflow 属性可以处理溢出问题。在 CSS3 中，新增了 overflow-x 和 overflow-y 属性，这两个属性是对 overflow 属性的补充，表示水平方向上的溢出处理和垂直方向上的溢出处理，溢出处理方式如表 6-1 所示。

表 6-1　溢出处理方式

溢出处理值	说明
visible	默认值，盒子溢出时，不裁剪溢出的内容，超出盒子边界的部分显示在盒元素外
auto	盒子溢出时，显示滚动条
hidden	盒子溢出时，裁剪溢出的内容，并且不提供滚动条
scroll	始终显示滚动条
no-display	当盒子溢出时，不显示元素，此属性为新增属性
no-content	当盒子溢出时，不显示内容，此属性为新增属性

溢出处理的语法格式如下。

overflow-x:溢出处理值; overflow-y:溢出处理值;

进行溢出处理的代码如示例 6-9 所示。

示例6-9：

```html
<html><head>
<meta charset="UTF-8">
<title>溢出处理方式</title>
  <style type="text/css">
  div{
    border: 1px solid blue;
    margin: 30px;
    padding: 10px;
    width: 200px;
    height: 50px;
    float: left;
  }
  #overflow1{
    overflow-x: visible;
    overflow-y: visible;
  }
  #overflow2{
    overflow-x: auto;
    overflow-y: auto;
  }
  #overflow3{
    overflow-x: hidden;
    overflow-y: hidden;
  }
  #overflow4{
    overflow-x: scroll;
    overflow-y: scroll;
  }
</style>
</head>
<body>
    <div id="overflow1">盒状模型是CSS中重要的概念。虽然CSS中没有盒状模型这个属性，但它却是CSS中无处不在的，盒装模型是由margin、border、padding和content几个属性组合形成的。</div>
    <div id="overflow2">盒状模型是CSS中重要的概念。虽然CSS中没有盒状模型这个属性，但它却是CSS中无处不在的，盒装模型是由margin、border、padding和content几个属性组合形成的。</div>
    <div id="overflow3">盒状模型是CSS中重要的概念。虽然CSS中没有盒状模型这个属性，但它却是CSS中无处不在的，盒装模型是由margin、border、padding和content几个属性组合形成的。</div>
    <div id="overflow4">盒状模型是CSS中重要的概念。虽然CSS中没有盒状模型这个属性，但它却是CSS中无处不在的，盒装模型是由margin、border、padding和content几个属性组合形成的。</div>
</body>
</html>
```

显示效果如图6-13所示。

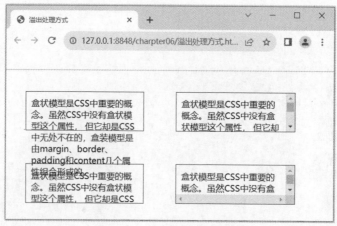

图6-13 盒模型溢出处理方式

6.4.3 轮廓样式定义

轮廓(outline)是指元素周围的一条线，位于边框边缘的外围，主要作用是突出显示元素，如图6-14所示。

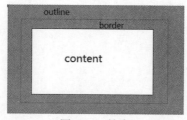

图6-14 轮廓

我们可以通过轮廓属性来定义元素轮廓的样式、颜色、宽度，代码如示例6-10所示。

示例6-10：

```
<html>
<head>
<meta charset="UTF-8">
    <title>盒模型轮廓</title>
    <style type="text/css">
      div{
        margin: 40px;
        width: 400px;
        height: 50px;
        border: 1px solid red;
        outline-style: dotted;
        outline-color: green;
        outline-width: 20px;
```

```
        }
    </style>
</head>
<body>
    <div>轮廓样式、颜色、宽度定义。</div>
</body>
</html>
```

显示效果如图 6-15 所示。

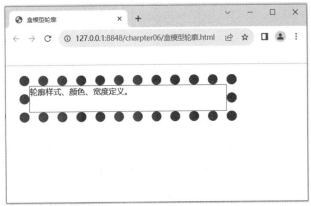

图 6-15 定义盒模型轮廓

在本例中，outline-style 属性用于定义轮廓样式，其样式值和前文所讲的边框样式值一样，outline-color 用于定义轮廓颜色，outline-width 用于定义轮廓宽度。

6.5 浮动与定位

浮动(float)属性用于定义元素在哪个方向浮动，以往该属性总是应用于图像，使文本围绕在图像周围。但在 CSS 中，任何元素都可以浮动，浮动元素会生成一个块级框。

6.5.1 文档流

文档流(document flow)将窗体自上而下分成一行行，并在每行中按从左至右的顺序排放元素。文档流分为普通文档流和特殊文档流。

(1) 普通文档流。在打开网页时，一般都是上方的内容先显示出来，然后是中间部分，最后才是底部。这样的顺序体现在 HTML 代码中就是先写的标签先显示，后写的标签后显示。整个过程好像瀑布从上到下，因此称为普通文档流。

(2) 特殊文档流。特殊文档流是指在页面载入浏览器时，那些不按照前面所讲述的顺序，脱离普通文档流而单独显示的标签。还是利用瀑布来举例：瀑布倾泻而下的时候，部分水流碰到了岩石，导致下落速度与瀑布主体不同，这部分水流就类似于特殊文档流。

每个非浮动块级元素都独占一行，浮动元素则按规定浮在行的一端。若当前行容不下，则另起新行再浮动。

内联元素也不会独占一行，几乎所有元素(包括块级、内联和列表元素)均可生成子行，用于摆放子元素。

有3种情况将使得元素脱离文档流而存在，分别是浮动、绝对定位、固定定位。但是在 IE 中，浮动元素也存在于文档流中。浮动元素不占任何正常文档流空间，浮动元素的定位还是基于正常的文档流，只是从文档流中抽出并尽可能远地移动至左侧或右侧，文字内容会围绕在浮动元素周围。当一个元素从正常文档流中抽出后，文档流中的其他元素将忽略该元素并填补它原先的空间。

6.5.2 浮动

浮动的框可以向左或向右移动，直到它的外边缘碰到包含框或另一个浮动框的边框为止。由于浮动框不在普通文档流中，因此普通文档流中的块框表现得就像浮动框不存在一样。

在图 6-16 中，当把框 1 向右浮动时，它脱离文档流并向右移动，直到它的右边缘碰到包含框的右边缘。

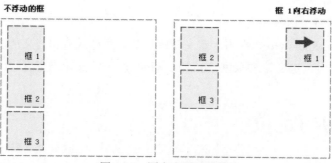

图 6-16　固定和浮动的框

在图 6-17 中，当框 1 向左浮动时，它脱离文档流并向左移动，直到它的左边缘碰到包含框的左边缘。因为它不再处于文档流中，所以它不占据空间，实际上它覆盖了框 2，使框 2 从视图中消失。如果把 3 个框都向左移动，那么框 1 向左浮动直到碰到包含框，另外两个框向左浮动直到碰到前一个浮动框。

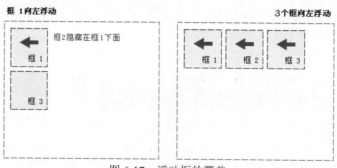

图 6-17　浮动框的覆盖

如果包含框太窄，无法容纳水平排列的 3 个浮动元素，那么其他浮动块将向下移动，直到有足够的空间。如果浮动元素的高度不同，那么当它们向下移动时可能会被其他浮动元素"卡住"，如图 6-18 所示。

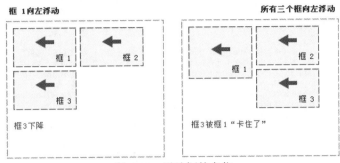

图 6-18　浮动框的卡位

以图像浮动为例，代码如示例 6-11 所示。

示例 6-11：

```
<html>
<head>
<meta charset="UTF-8" />
<style type="text/css">
img
{
float:right
}
</style>
</head>
<body>
<p>在下面的段落中，我们添加了一个样式为 <b>float:right</b> 的图像。结果是这个图像会浮动到段落的右侧。</p>
<p>
<img src="img/eg_cute.gif" />
This is some text. This is some text. This is some text.
This is some text. This is some text. This is some text.
This is some text. This is some text. This is some text.
This is some text. This is some text. This is some text.
This is some text. This is some text. This is some text.
This is some text. This is some text. This is some text.
This is some text. This is some text. This is some text.
This is some text. This is some text. This is some text.
</p>
</body>
</html>
```

显示效果如图 6-19 所示。

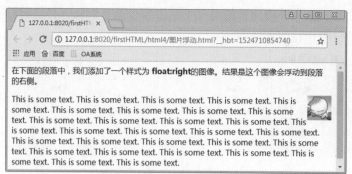

图 6-19　图像的浮动

6.5.3　浮动的清理

浮动的清理(clear)属性用于确定元素的哪一侧不允许其他浮动元素出现。表 6-2 列出了 clear 属性值。

表 6-2　clear 属性值

属性值	描述
left	左侧不允许出现浮动元素
right	右侧不允许出现浮动元素
both	左右两侧均不允许出现浮动元素
none	默认值。允许浮动元素出现在两侧
inherit	规定应该从父元素继承 clear 属性的值

例如，图像的左侧和右侧均不允许出现浮动元素，代码如示例 6-12 所示。

示例 6-12：

```
<html>
<head>
<style type="text/css">
img{
    float:left;
    clear:both;
}
</style>
</head>
<body>
<img src="img/eg_cute.gif" />
<img src="img/eg_cute.gif" />
</body>
</html>
```

6.5.4 如何使用浮动进行布局

　　DIV 浮动的作用是将插入到文章中的图片向左或向右浮动，使图片下方的文字自动环绕在它的周围，且图片的左边或右边不会出现大块的留白。DIV 浮动的语法虽然简单，但却不那么容易掌握，下面举例说明如何用 DIV 浮动进行布局。完成一个带页脚的三栏布局，如图 6-20 所示。

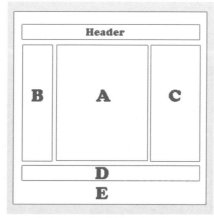

图 6-20　带页脚的三栏布局

操作步骤如下。
(1) 设定 E 的宽度，并使其居中。
(2) 设定 A、B、C 的宽度，将 A、B、C 分别向左浮动。
(3) 给页眉、页脚设置 clear 属性。

接下来，通过 DIV 浮动来完成一个真实的网页布局，代码如示例 6-13 所示。

示例 6-13：

```
<html>
<head>
<style type="text/css">
div.container{
    width:100%;
    margin:0px;
    border:1px solid gray;
    line-height:150%;
}
div.header,div.footer{
    padding:0.5em;
    color:white;
    background-color:gray;
    clear:left;
}
```

```
    h1.header{
        padding:0;
        margin:0;
    }
    div.left{
        float:left;
        width:160px;
        margin:0;
        padding:1em;
    }
    div.content{
        margin-left:190px;
        border-left:1px solid gray;
        padding:1em;
    }
    </style>
    </head>
    <body>
    <div class="container">
    <div class="header">
    <h1 class="header">W3School.com.cn</h1>
    </div>
    <div class="left">
    <p>"Never increase, beyond what is necessary, the number of entities required to explain anything."
    William of Ockham (1285-1349)</p>
    </div>
    <div class="content">
    <h2>Free Web Building Tutorials</h2>
    <p>At W3School.com.cn you will find all the Web-building tutorials you need,
    from basic HTML and XHTML to advanced
        XML, XSL, Multimedia and WAP.</p>
    <p>W3School.com.cn - The Largest Web
        Developers Site On The Net!</p>
    </div>
    <div class="footer">Copyright 2008 by YingKe
        Investment.</div>
    </div>
    </body>
    </html>
```

显示效果如图 6-21 所示。

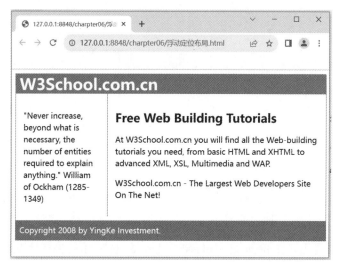

图 6-21　通过浮动进行布局

6.5.5 定位

在 CSS 中，定位(positioning)是一个非常重要的概念，它决定了元素在页面上的最终位置。通过定位，人们可以精确地控制元素在页面上的布局，实现复杂的页面效果。本节将详细介绍 CSS 中的定位机制，包括相对定位、绝对定位、固定定位等。

1. 相对定位

相对定位的元素会相对于其正常位置进行定位。即使对一个元素进行了相对定位，它也会占据文档流中的原始空间。此时，可以使用 top、right、bottom、left 等属性来调整元素的最终位置。这些属性表示元素相对于其正常位置偏移的距离。例如，某元素添加相对定位的代码如示例 6-14 所示，效果对比如图 6-22 和图 6-23 所示。

示例 6-14：

```
<!-- HTML 代码 -->
<div class="relative-pos">我是相对定位的元素</div>

/* CSS 代码 */
.relative-pos {
    position: relative;
    top: 20px;
    left: 30px;
}
```

图 6-22 没有添加相对定位的效果　　　　　图 6-23 添加了相对定位的效果

从效果图可以看出，定位前<div class="relative-pos">元素将按照文档流进行布局，即它会出现在 HTML 代码中定义的位置，并受其他元素的影响。由于没有设置定位属性，它不会相对于任何元素进行偏移。定位后<div class="relative-pos">元素被设置为 position: relative;，这意味着它将相对于其正常位置进行定位。top: 20px;和 left: 30px;使得元素在原有位置上沿 Y 轴向下偏移 20 像素，沿 X 轴向右偏移 30 像素。

2. 绝对定位

绝对定位的元素会相对于其最近的已定位祖先元素(即 position 属性为 absolute、relative、fixed 的元素)进行定位。如果没有已定位的祖先元素，那么它会相对于初始包含块(通常是 HTML 元素)进行定位。绝对定位的元素会从文档流中完全删除，不再占据空间。例如，某元素添加绝对定位的代码如示例 6-15 所示，效果对比如图 6-24 和图 6-25 所示。

示例 6-15：

```
<!-- HTML 代码 -->
<div class="relative-container">
  我是相对定位的容器
  <div class="absolute-pos">我是绝对定位的元素</div>
</div>

/* CSS 代码 */
.relative-container {
    position: relative; /* 祖先元素设置为相对定位 */
    height: 300px;
    width: 300px;
    border: 1px solid black;
}
```

```
.absolute-pos {
    position: absolute;
    top: 10px;
    right: 10px;
}
```

图 6-24　没有添加绝对定位的效果

图 6-25　添加了绝对定位的效果

从效果图可以看出，定位前在 CSS 样式未应用之前，<div class="relative-container"> 和 <div class="absolute-pos"> 元素都将按照文档流进行布局。<div class="absolute-pos"> 会作为 <div class="relative-container"> 的子元素出现在其内容的末尾。由于此时没有设置定位属性，它们的位置将完全由 HTML 代码中的顺序和默认样式决定。定位后.relative-container 被设置为 position: relative;，这意味着它将为其内部的绝对定位元素提供一个参考点。此时，<div class="absolute-pos"> 元素被设置为 position: absolute;，它的位置将不再受文档流影响，而是相对于其最近的已定位祖先元素(在这种情况下是.relative-container)进行定位。

3. 固定定位

固定定位的元素会相对于浏览器窗口进行定位，即使页面滚动，它也会始终停留在同一位置。固定定位的元素也会从文档流中完全删除，不再占据空间。例如，某元素添加固定定位的代码如示例 6-16 所示，效果对比如图 6-26 和图 6-27 所示。

示例 6-16：
```
<!-- HTML 代码 -->
<div class="fixed-pos">我是固定定位的元素</div>

/* CSS 代码 */
.fixed-pos {
    position: fixed;
    bottom: 10px;
    right: 10px;
}
```

图 6-26 没有添加固定对定位的效果

图 6-27 添加了固定定位的效果

从效果图可以看出，定位前在没有应用 CSS 定位样式之前，<div class="fixed-pos">元素将按照文档流进行布局，其位置会依据 HTML 中元素的出现顺序而定。它可能会出现在页面的某个位置，与其他元素一起按照正常的文档流排列。定位后在应用了 CSS 的 fixed 定位样式后，<div class="fixed-pos">元素会脱离文档流，固定在浏览器窗口的右下角。不论页面如何滚动，它都会始终保持在那个位置，距离窗口底部和右侧各 10 像素。

上机目标

- 掌握使用 DIV 进行页面的合理布局的方法。
- 掌握浮动属性的应用方法。

上机练习

练习 1：用 DIV 布局。

【问题描述】

用 DIV 对如图 6-28 所示的网页框架进行布局，包括 banner 图片、导航菜单栏、左侧的导购信息，以及主体部分的产品展示等。

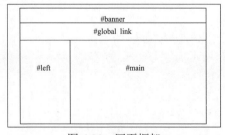
图 6-28 网页框架

【问题分析】

图 6-28 中的各个部分直接采用了 HTML 代码中各个<div>块对应的 id。其中，#banner 对应页面上部的 banner 图片，#global link 则是网站的导航菜单栏，#left 与#main 是页面的主体块，相应的代码框架如下所示。

```
<div id="container">
<div id="banner"><img src="banner.jpg"></div>
<div id="global link"></div>
<div id="left"></div>
<div id="main"></div>
</div>
```

练习 2：浮动显示。

【问题描述】

在练习 1 的基础上把主模块和左侧模块加以细化，如图 6-29 所示。

图 6-29　细化模块

【问题分析】

#left 部分包含登录系统和产品的分类信息，#main 部分则主要包括本站快讯、产品推荐、新品上市和产品导购等，代码如下所示。

```
<div id="left">
    <div id="login"></div>
    <div id="category"></div>
</div>
<div id="main">
    <div id="latest"></div>
    <div id="recommend"></div>
    <div id="new"></div>
    <div id="tips"></div>
</div>
```

练习 3：实现 CSS 布局。

【问题描述】

通过学习本章的知识点，完成前面的练习，效果如图 6-30 所示。

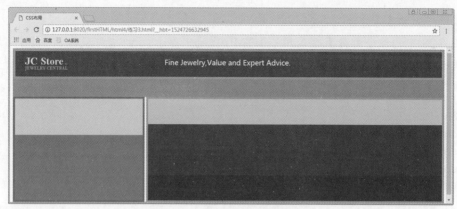

图 6-30　CSS 属性实现效果图

【问题分析】

把整个页面划分为#banner、#global link、#bottom 三个模块(见图 6-31)，并对每个模块的内容进行样式排版。

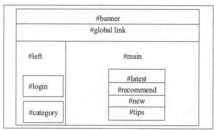

图 6-31　模块划分

【参考步骤】

(1) 新建文本文档。

(2) 书写 HTML 网页框架，代码如下。

```
<!DOCTYPE html>
<html>
<head>
<meta charset="utf-8">
<title>JC Store</title>
<style>
    #banner {
        background-color: #393939;
        color: white;
        overflow: hidden;
    }
    #banner img {
        padding: 15px;
        width: 35px;
        float: left;
    }
```

```css
#banner .banner-text {
    float: left;
    margin-left: 10px;
}
#banner .banner-text h4{
    margin:5px 0;
}
#banner .banner-text p{
    margin:0;
}
#banner .banner-right {
    text-align: center;
    margin-top:15px;
}
#global-links{
    background-color: #979797;
    height: 30px;
}
#bottom #left{
    float: left;
    width:20%;
}
#bottom #left #login{
    height: 80px;
    background-color: #D9D9D9;
}
#bottom #left #category{
    height:120px;
    background-color: #7F7F7F;
}
#bottom #main{
    float: right;
    width:80%;
}
#bottom #main #latest{
    height: 50px;
    background-color: #D1D1D1;
}
#bottom #main #recommend{
    height: 50px;
    background-color: #343434;
}
#bottom #main #new{
    height: 50px;
    background-color: #2F2F2F;
}
#bottom #main #tips{
```

```html
                height: 50px;
                background-color: #242424;
            }
</style>
</head>
<body>
<div id="container">
<div id="banner">
<!-- <img src="./img/logo.jpg" alt="Logo"> -->
<div class="banner-text">
<h4>JC Store</h4>
<p>JEWELRY CENTRAL</p>
</div>
<div class="banner-right">
                Fine Jewelry, Value and Expert Advice.
</div>
</div>
<div id="global-links">
</div>
<div id="bottom">
            <div id="left">
            <div id="login"></div>
            <div id="category"></div>
            </div>
            <main id="main">
            <div id="latest"></div>
            <div id="recommend"></div>
            <div id="new"></div>
            <div id="tips"></div>
            </main>
        </div>
</div>
</body>
</html>
```

注意：

严格按照编码规范进行编码，注意缩进位置和代码大小写，符号为英文符号。

单元自测

1. DIV+CSS 的优势包括(　　)。

　　A. 有助于减少冗余代码

　　B. 提高搜索引擎对网页的索引效率

C. 代码简洁，提高页面浏览速度

D. 易于维护和改版

2. 如果要使多个 DIV 并列排列，应使用(　　)属性。

A. margin　　　　　　　　　　B. content

C. float　　　　　　　　　　　D. clear

3. 下面(　　)属性用于设置盒模型的外边距。

A. content　　　　　　　　　　B. padding

C. border　　　　　　　　　　D. margin

4. 在网页中，为了将 H1 标题定位于左边距为 100px、上边距为 50px 处，效果如图 6-32 所示，下面代码正确的是(　　)。

A.
```
h1{
    position:absolute;
    left:100px;
    top:50px;
}
```

B.
```
h1{
    left:100px;
    top:50px;
}
```

C.
```
h1{
    left:100;
    top:50;
}
```

D.
```
h1{
    position:absolute;
    left:100;
    top:50;
}
```

图 6-32　H1 标题定位

5. 下列情况中，（　）会发生 margin 属性的叠加。
   A. 元素的顶边界与前面元素的底边界发生叠加
   B. 元素的顶边界与父元素的顶边界发生叠加
   C. 元素的顶边界与底边界发生叠加
   D. 空元素中已经叠加的边界与另一个空元素的边界发生叠加

单元小结

- 网站可以分为内容、结构、表现三部分。
- DIV 是 XHTML 中指定的专门用于进行布局设计的容器对象。
- 盒模型的主要属性包括内容(content)、外边距(margin)、内边距(padding)和边框(border)。
- 通过使用浮动和定位来对网页进行排版。

完成工单

PJ06 完成广西文旅项目名胜古迹模块的展示
本项目重点介绍使用 CSS+DIV 实现网站布局与美化的方法。

PJ06 任务目标
- 掌握 CSS+DIV 的布局方法。
- 掌握盒模型的概念及主要属性的使用方法。
- 掌握 CSS 浮动和定位的定义和使用。

【任务描述】
在网页中完成项目名胜古迹模块的布局，如图 6-33 所示。

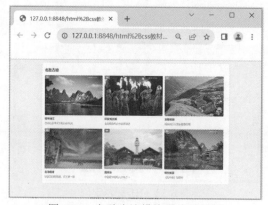

图 6-33　名胜古迹模块最终效果图

【任务分析】

(1) 编写一个 DIV 盒子用于呈现名胜古迹模块,并使其在浏览器中水平居中。

(2) 使用合适的标签展示景点级别、图片、名称、简介。

(3) 利用元素的浮动,使该模块中用于展示各个景点信息的盒子每行排列 3 个,并保留适当的外边距。

(4) 使用绝对定位在图片左上角展示景点级别信息。

(5) 为<div>和<img>标签添加 border-radius 属性。

(6) 对模块的元素进行页面美化。

【参考步骤】

(1) 创建新的 HTML 页面,命名为 Scenicspot.html,代码如下所示。

```html
<!DOCTYPE html>
<html>
    <head>
        <meta charset="UTF-8">
        <title></title>
    </head>
    <link rel="stylesheet" href="css/Scenicspot.css">
    <body>
        <div class="section">
            <h2>名胜古迹</h2>
            <div class="list">
                <div class="list-item">
                    <span class="tip">5A</span>
                    <img src="./img/lijiang.jpg" alt="">
                    <p>桂林漓江</p>
                    <a href="">桂林山水甲天下的山水风光 </a>
                </div>
                <div class="list-item">
                    <span class="tip">5A</span>
                    <img src="./img/liusanjie.jpg" alt="">
                    <p>印象刘三姐</p>
                    <a href="">全新概念的山水实景演出 </a>
                </div>
                <div class="list-item">
                    <span class="tip">6A</span>
                    <img src="./img/titian.png" alt="">
                    <p>龙脊梯田</p>
                    <a href="">线条如行云流水层叠壮美 </a>
                </div>
                <div class="list-item">
                    <span class="tip">6A</span>
                    <img src="./img/yintan.jpg" alt="">
                    <p>北海银滩</p>
                    <a href="">沙质洁白的海滩,天下第一滩 </a>
```

```html
                    </div>
                    <div class="list-item">
                        <span class="tip">5A</span>
                        <img src="./img/dao.jpg" alt="">
                        <p>涠洲岛</p>
                        <a href="">中国最年轻的火山岛之一</a>
                    </div>
                    <div class="list-item">
                        <span class="tip">4A</span>
                        <img src="./img/tianyuan.jpg" alt="">
                        <p>明仕田园</p>
                        <a href="">《花千骨》取景地</a>
                    </div>
                </div>
            </div>
    </body>
</html>
```

(2) 新建 Scenicspot.css 样式文件，编写页面样式，代码如下所示。

```css
body {
            margin: 0;
            padding: 0;
            background-color: #f7f7f7;
        }

        .section {
            width: 1250px;
            background-color: #fff;
            margin: 20px auto;
            padding: 10px 20px;
        }

        .section img {
            max-width: 100%;
            margin-bottom: 10px;
        }

        .list {
            display: flex;
            flex-wrap: wrap;
            padding: 0;
            margin: 0;
        }

        .list .list-item {
            width: 400px;
            margin-right: 15px;
```

```
        margin-bottom: 25px;
    }

    .list .list-item span {
        display: inline-block;
        height: 24px;
        line-height: 24px;
        font-size: 14px;
        text-align: center;
        border-radius: 0px 0px 5px 0px;
    }

    .list .list-item p {
        padding: 0;
        margin: 0;
        margin-bottom: 8px;
    }
```

(3) 预览效果，如图 6-34 所示。

图 6-34　名胜古迹模块布局

(4) 在 Scenicspot.html 中对 "4A" 设置背景颜色，与 "5A" 区分开，代码如下。

```
<span class="tip" style="background-color: #ff8600;">4A</span>
```

(5) 进一步完善 Scenicspot.css 代码，如下所示。

```
    body {
        font-family: Arial, sans-serif;
        margin: 0;
        padding: 0;
        background-color: #f7f7f7;
    }

    .section {
        width: 1250px;
        background-color: #fff;
```

```css
        margin: 20px auto;
        padding: 10px 20px;
        border-radius: 5px;
        box-shadow: 0 0 5px rgba(0, 0, 0, 0.1);
}

.section h2 {
        color: #333;
}

.section img {
        max-width: 100%;
        margin-bottom: 10px;
}

.section p {
        color: #666;
}

.list {
        /* 自己加的 */
        overflow: hidden;
        /* display: flex; */
        flex-wrap: wrap;
        padding: 0;
        margin: 0;
}

.list .list-item {
        /* 自己加的 */
        float: left;
        position: relative;
        width: 400px;
        margin-right: 15px;
        margin-bottom: 25px;
}

.list .list-item span {
        position: absolute;
        padding-left: 9px;
        padding-right: 9px;
        display: inline-block;
        height: 24px;
        line-height: 24px;
        font-size: 14px;
        COLOR: #fff;
        text-align: center;
        border-radius: 0px 0px 5px 0px;
```

```
            background-color: #FC4273;
        }

        .list .list-item img {
            border-radius: 5px;
        }

        .list .list-item p {
            padding: 0;
            margin: 0;
            margin-bottom: 8px;
            color: #333;
            font-size: 17px;
            font-weight: bold;
        }

        .list .list-item a {
            color: #18AEFF;
            text-decoration: none;
        }
```

(6) 在浏览器中运行代码，效果如图 6-35 所示。

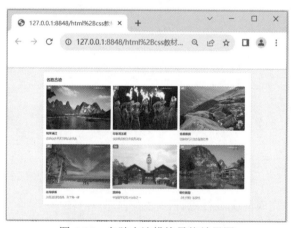

图 6-35　名胜古迹模块最终效果图

PJ06 评分表

序号	考核模块	配分	评分标准
1	项目名胜古迹模块展示	90 分	1. 正确编写 CSS 样式文件，并在 HTML 文件中正确引用 CSS 文件(10 分) 2. 使用浮动将景点信息按照每行 3 个排列整齐，设置适当外边距(30 分) 3. 使用绝对定位展示景点级别信息(30 分) 4. 整个模块整洁、美观(20 分)
2	编码规范	10 分	文件名、标签名、缩进等符合编码规范(10 分)

工单评价

任务名称	PJ06. 广西文旅项目名胜古迹模块的展示				
工号		姓名		日期	
设备配置		实训室		成绩	
工单任务	1. 完成广西文旅项目名胜古迹模块的布局。 2. 完成广西文旅项目名胜古迹模块的美化。				
任务目标	1. 使用常用的标签对页面进行合理布局。 2. 使用适当的排版和布局技巧,确保模块内容呈现清晰、易于阅读、整齐美观。				

任务编号	开始时间	完成时间	工作日志	完成情况
PJ06				

学生自我评价:
请根据任务完成情况进行自我评估,并提出改进方法。
技术方面

素养方面

教师评价:
1. 对学生的任务完成情况进行点评。

2. 学生本次任务的成绩。

项目七

传统工艺模块的动画设置

项目简介

- ❖ 本项目旨在通过对 transition 属性和 animation 属性的学习来完成广西文旅项目传统工艺模块的动画设置。
- ❖ 介绍了在网页中添加过渡、变形、动画效果的方法。

工单任务

任务名称	PJ07. 广西文旅项目传统工艺模块的动画设置				
工号		姓名		日期	
设备配置		实训室		成绩	
工单任务	1. 完成传统工艺模块的页面布局和样式美化。 2. 完成文字动画设置。				
任务目标	1. 实现传统工艺模块的标签嵌套。 2. 实现传统工艺模块的布局和动画展示。				

一、课程目标与素养发展

1. 技术目标

(1) 掌握如何在网页中设置过渡效果。

(2) 掌握如何在网页中设置变形效果。

(3) 掌握如何在网页中设置动画效果。

2. 素养目标

(1) 养成良好的编码习惯。

(2) 提高获取信息和利用信息的能力。

(3) 珍视传统工艺,提高文化传承意识。

二、决策与计划

任务1:完成传统工艺模块的页面布局和样式美化

【任务描述】

在网页中使用 HTML+CSS 代码,实现传统工艺模块的合理布局和样式美化。

【任务分析】

(1) 完成传统工艺模块的页面布局,并添加合适的标签类名。

(2) 对传统工艺模块进行样式美化。

【任务完成示例】

版面有限，只展示部分页面。

任务2：完成文字动画设置

【任务描述】

当鼠标指针悬停在图片下方的文字描述上时，显示"查看详情"文字，并使其在1s内旋转360°。

【任务分析】

(1) 在图片下方的文字处添加一个"查看详情"的标签，并设置为绝对定位，初始化为隐藏状态(设置透明度为0)。

(2) 将文字的最大盒子设置为相对定位。

(3) 当鼠标指针悬停在文字处时，显示第(1)步隐藏的文字，并为整个显示隐藏的过程添加一种过渡效果，持续时间为0.5s。

(4) 显示文字并使其旋转360°。

【任务完成示例】

版面有限，只展示部分页面。

三、实施

1. 任务

内容	要求
完成传统工艺模块的页面布局和样式美化	1. 正确搭建传统工艺模块的布局，显示正常。 2. 正确使用标签和类名。
完成文字动画设置	1. 正确设置鼠标指针悬停时的动画效果。 2. 正确编写 CSS 样式。

2. 注意事项

(1) 编辑器使用 HBuilderX2.6(或以上版本)或 VSCode1.5(或以上版本)。

(2) 功能实现完整，并且调试无误。

(3) 按编码规范进行编码。

工作手册

　　CSS3 中的过渡属性可以在不使用 Flash 动画或 JavaScript 脚本的情况下，为元素从一种样式转变为另一种样式时添加效果，如渐显、渐隐等。同时，在 CSS3 中，通过变形可以对元素进行平移、缩放、倾斜和旋转等操作，变形可以与过渡属性结合，实现一些绚丽的网页动画效果。但是，有时过渡和变形只能设置元素的变换过程，并不能对过程中的某一环节进行精确控制。为了实现更加丰富的动画效果，CSS3 提供了 animation 属性，它可以用来定义复杂的动画效果。

7.1　过渡效果

7.1.1　transition-property属性

　　transition-property属性用于指定应用过渡效果的CSS属性的名称，如宽度属性、背景属性等。transition-property属性的基本语法格式如下。

```
transition-property: none | all | property;
```

　　在上述语法格式中，transition-property 属性的取值包括 none、all 和 property(代指 CSS 各类属性名称)。transition-property 属性的属性值及其说明如表 7-1 所示。

表 7-1　transition-property 属性的属性值及其说明

属性值	说明
none	没有属性应用过渡效果
all	所有属性都应用过渡效果
property	定义应用过渡效果的 CSS 属性名称，多个属性名称之间以英文逗号分隔

　　下面通过一个案例来演示 transition-property 属性的用法，如示例 7-1 所示。

示例 7-1：

```
<!doctype html>
<html>
<head>
<meta charset="UTF-8">
<title>transition-property 属性</title>
<style type="text/css">
div{
    width:400px;
        height:100px;
        background-color:red;
```

```
                font-weight:bold;
                color:#FFF;
        }
    div:hover{
                background-color:blue;
                transition-property:background-color;        /*指定产生过渡效果的 CSS 属性*/
        }
    </style>
    </head>
    <body>
    <div>使用 transition-property 属性改变元素背景色</div>
    </body>
    </html>
```

在示例 7-1 中，第 15 行和 16 行代码通过 transition-property 属性指定产生过渡效果的 CSS 属性为 background-color，并设置了鼠标指针移至时其背景颜色变为蓝色的效果。

运行示例 7-1，默认效果如图 7-1 所示。

图 7-1　默认效果

当鼠标指针悬停在图 7-1 中的色块区域上时，背景颜色立刻由红色变为蓝色，如图 7-2 所示。

图 7-2　背景颜色立刻由红色变为蓝色

通过对比图 7-1 和图 7-2 的变化可知，背景颜色并不会产生过渡效果。这是因为在设置过渡效果时，必须设置过渡时间，否则不会产生过渡效果。

注意：浏览器私有前缀是区分不同内核浏览器的标识。由于W3C每提出一个新属性，都需要经过漫长且复杂的标准制定流程，在标准还未确定前，部分浏览器已经根据最初草案提供了新属性的功能，为了与之后确定的标准进行兼容，各浏览器定义了自己的私有前缀与标准进行区分，当标准确立后，各浏览器再逐步支持不带前缀的CSS3新属性。表7-2列举了主流浏览器的私有前缀。

表7-2 主流浏览器的私有前缀

前缀	所属浏览器
-webkit-	谷歌浏览器、Safari 浏览器
-moz-	火狐浏览器
-ms-	IE 浏览器
-o-	欧朋浏览器

现在很多浏览器的新版本都可以很好地兼容CSS3的新属性，因此很多私有前缀可以不写，但为了兼容浏览器的旧版本，仍需定义私有前缀。例如，如果希望示例7-1中的transition-property属性可以兼容浏览器的旧版本，应将代码进行如下修改。

```
-webkit-transition-property:background-color;    /*Safari 浏览器和谷歌浏览器兼容代码*/
-moz-transition-property:background-color;       /*火狐浏览器兼容代码*/
-ms-transition-property:background-color;        /*IE 浏览器兼容代码*/
-o-transition-property:background-color;         /*欧朋浏览器兼容代码*/
```

7.1.2 transition-duration 属性

transition-duration 属性用于指定过渡效果持续的时间，其基本语法格式如下。

```
transition-duration:time;
```

在上述语法格式中，transition-duration属性的默认值为0，常用单位是秒(s)和毫秒(ms)。例如，用下面的示例代码替换示例7-1中的div:hover{}样式。

```
div:hover{
    background-color:blue;
    /*指定产生过渡效果的 CSS 属性*/
    transition-property:background-color;
    /*指定过渡效果持续的时间*/
    transition-duration:5s;
}
```

在上述示例代码中，transition-duration属性用于设置完成过渡效果需要耗时5s。

运行案例代码，当鼠标指针悬停在网页中的<div>区域上时，盒子的颜色经过5s会变成蓝色。

7.1.3 transition-timing-function 属性

transition-timing-function 属性用于指定过渡效果的速度曲线,其基本语法格式如下。

transition-timing-function:linear|ease|ease-in|ease-out|ease-in-out|cubic-bezier(n,n,n,n);

在上述语法格式中,transition-timing-function 属性的取值有很多种,默认值为 ease。transition-timing-function 属性的常用属性值及其说明如表 7-3 所示。

表 7-3 transition-timing-function 属性的常用属性值及其说明

属性值	说明
linear	开始至结束均保持相同速度的过渡效果,等同于 cubic-bezier(0,0,1,1)
ease	先以慢速开始,然后加快,最后慢慢结束的过渡效果,等同于 cubic-bezier(0.25,0.1,0.25,1)
ease-in	先以慢速开始,然后逐渐加快的过渡效果,等同于 cubic-bezier(0.42,0,1,1)
ease-out	以慢速结束的过渡效果,等同于 cubic-bezier(0,0,0.58,1)
ease-in-out	以慢速开始和结束的过渡效果,等同于 cubic-bezier(0.42,0,0.58,1)
cubic-bezier(n,n,n,n)	定义用于加速或减速的贝塞尔曲线的形状,n 的值为 0~1

在 CSS3 的学习和应用中,通过使用预定义的缓动函数(如 ease, ease-in, ease-out, ease-in-out)或简单地调整 cubic-bezier 函数的参数,就可以满足大多数动画效果的需求。

下面通过一个案例来演示 transition-timing-function 属性的用法,如示例 7-2 所示。

示例 7-2:

```
<!doctype html>
<html>
<head>
<meta charset="UTF-8">
<title>transition-timing-function 属性</title>
<style type="text/css">
div{
    width:424px;
    height:406px;
    margin:0 auto;
    background:url(images/HTML5.png) center center no-repeat;
    border:5px solid #333;
    border-radius:0px;
}
div:hover{
    border-radius:50%;
    transition-property:border-radius;    /*指定产生过渡效果的 CSS 属性*/
    transition-duration:2s;    /*指定过渡效果持续的时间*/
    transition-timing-function:ease-in-out;    /*指定以慢速开始和结束的过渡效果*/
```

```
}
</style>
</head>
<body>
<div></div>
</body>
</html>
```

在示例 7-2 中，首先通过 transition-property 属性指定产生过渡效果的 CSS 属性为 "border-radius"，并指定元素由方形变为圆形；然后使用 transition-duration 属性定义过渡效果持续的时间为 2s；最后使用 transition-timing-function 属性指定过渡效果以慢速开始和结束。

运行示例 7-2，当鼠标指针悬停在网页中的 <div> 区域上时，过渡效果将会被触发，方形元素将以慢速开始变化，然后逐渐加速，最后慢速变为圆形，效果如图 7-3 所示。

图 7-3　过渡过程

7.1.4　transition-delay 属性

transition-delay 属性用于指定过渡效果的开始时间，其基本语法格式如下。

```
transition-delay:time;
```

在上述语法格式中，transition-delay 属性的默认值为 0，常用单位是秒(s)和毫秒(ms)。transition-delay 属性的属性值可以为正整数、负整数和 0。当设置为负数时，过渡效果会从当前时间点开始，之前的动作将被截断；当设置为正数时，过渡效果会延迟触发。

下面在示例 7-2 的基础上演示 transition-delay 属性的用法，在第 19 行代码后增加如下代码。

```
transition-delay:2s; /*指定过渡效果延迟触发*/
```

上述代码使用 transition-delay 属性指定过渡效果延迟 2s 触发。

保存示例 7-2，刷新页面，当鼠标指针悬停在网页中的 <div> 区域上时，经过 2s 后过渡效果会被触发，方形元素以慢速开始变化，然后逐渐加速，最后慢速变为圆形。

7.1.5　transition 属性

transition 属性是一个复合属性，用于在一个属性中设置 transition-propety、transition-duration、transition-timing-function、transition-delay 这 4 个过渡属性，其基本语法格式如下。

transition: property duration timing-function delay;

在使用 transition 属性设置多种过渡效果时，各参数必须按顺序定义，不能颠倒。例如，示例 7-2 中设置 4 个过渡属性，可以直接通过以下代码实现。

transition:border-radius 5s ease-in-out 2s;

7.2 变形效果

在 CSS3 中，通过变形可以对元素进行平移、缩放、倾斜和旋转等操作。同时，变形可以与过渡属性结合，实现一些绚丽的网页动画效果。在网页中添加的变形效果主要包括 2D 变形和 3D 变形两种，下面将对这两种变形效果进行详细讲解。

7.2.1 2D 变形

在 CSS3 中，2D 变形主要包括平移、缩放、倾斜、旋转 4 种变形效果。在进行 2D 变形时，还可以改变元素的中心点，从而实现不同的变形效果。

1. 平移

平移是指元素位置的变化，包括水平移动和垂直移动。在 CSS3 中，使用 translate() 方法可以实现元素的平移效果，其基本语法格式如下。

transform:translate(x-value,y-value);

在上述语法格式中，参数 x-value 和 y-value 分别用于定义水平(x 轴)坐标和垂直(y 轴)坐标。参数值常用单位为像素(px)和百分比(%)。当参数值为负数时，表示反方向移动元素(向左或向上移动)。如果省略了第 2 个参数，则取默认值 0，即在 y 轴方向不移动。

在使用 translate() 方法移动元素时，坐标点默认为元素的中心点，然后根据指定的水平坐标和垂直坐标进行移动即可。

下面通过一个案例来演示 translate() 方法的用法，如示例 7-3 所示。

示例 7-3：

```
<!doctype html>
<html>
<head>
<meta charset="UTF-8">
<title>translate()方法</title>
<style type="text/css">
div{
    width:100px;
```

```
            height:50px;
            background-color:#0CC;
            }
            #div2{transform:translate(100px,30px);}
    </style>
    </head>
    <body>
        <div>盒子 1 未平移</div>
        <div id="div2">盒子 2 平移</div>
    </body>
    </html>
```

在示例 7-3 中，先使用<div>标签定义两个样式完全相同的盒子，然后通过 translate()方法将第 2 个盒子沿 x 轴向右移动 100px，沿 y 轴向下移动 30px。

运行示例 7-3，效果如图 7-4 所示。

图 7-4　平移示例

注意：
translate()方法中参数值的单位不可以省略，否则平移命令将不起作用。

2. 缩放

在 CSS3 中，使用 scale()方法可以实现元素的缩放效果，其基本语法格式如下。

```
transform:scale(x-value,y-value);
```

在上述语法格式中，参数 x-value 和 y-value 分别用于定义水平(x 轴)方向和垂直(y 轴)方向的缩放倍数。参数值可以为正数、负数和小数，不需要加单位。其中，正数用于放大元素，负数用于翻转缩放元素，小于 1 的小数用于缩小元素。如果第 2 个参数省略，则第 2 个参数值默认等于第 1 个参数值。

下面通过一个案例来演示 scale()方法的用法，如示例 7-4 所示。

示例 7-4：

```
<!doctype html>
<html>
```

```html
<head>
<meta charset="UTF-8">
<title>scale()方法</title>
<style type="text/css">
div{
    width:100px;
    height:50px;
    background-color:#ff0;
    border:1px solid black;
}
#div2{
    margin:100px;
    transform:scale(2,3);
}
</style>
</head>
<body>
<div>我是原来的元素</div>
<div id="div2">我是放大后的元素</div>
</body>
</html>
```

在示例 7-4 中，先使用<div>标签定义两个样式相同的盒子，然后通过 scale()方法将第 2 个盒子的宽度放大 2 倍，高度放大 3 倍。

运行示例 7-4，效果如图 7-5 所示。

图 7-5　缩放示例

3. 倾斜

在 CSS3 中，使用 skew()方法可以实现元素的倾斜效果，其基本语法格式如下。

transform:skew(x-value,y-value);

在上述语法格式中，参数 x-value 和 y-value 分别用于定义水平(x 轴)方向和垂直(y 轴)方向的倾斜角度。参数值为角度数值，单位为 deg，取值可以为正值或负值，表示不同的倾斜方向。如果省略了第 2 个参数，则取默认值 0。

下面通过一个案例来演示 skew()方法的用法，如示例 7-5 所示。

示例 7-5：

```
<!doctype html>
<html>
<head>
<meta charset="UTF-8">
<title>skew()方法</title>
<style type="text/css">
div{
    width:100px;
    height:50px;
    margin:0 auto;
    background-color:#F90;
    border:1px solid black;
}
#div2{transform:skew(30deg,10deg);}
</style>
</head>
<body>
<div>我是原来的元素</div>
<div id="div2">我是倾斜后的元素</div>
</body>
</html>
```

在示例 7-5 中，先使用<div>标签定义了两个样式相同的盒子，然后通过 skew()方法将第 2 个盒子沿 x 轴倾斜 30°，沿 y 轴倾斜 10°。

运行示例 7-5，效果如图 7-6 所示。

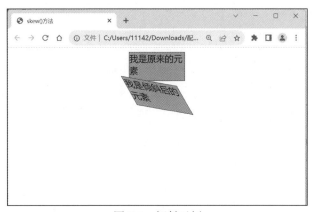

图 7-6　倾斜示例

4. 旋转

在 CSS3 中，使用 rotate()方法可以旋转指定的元素，其基本语法格式如下。

```
transform:rotate(angle);
```

在上述语法格式中,参数 angle 表示要旋转的角度值,单位为 deg。若角度为正数,则按顺时针方向旋转;否则按逆时针方向旋转。

例如,设置某个<div>标签按顺时针方向旋转 30°,代码如下。

```
div{transform;rotate(30deg);}
```

注意:
如果要为一个元素设置多种变形效果,则可以用空格把多个变形属性值隔开。

5. 改变中心点

通过 transform 属性可以实现元素的平移、缩放、倾斜和旋转效果,这些变形操作都是以元素的中心点为参照实现的。默认情况下,元素的中心点在 x 轴和 y 轴的 50%位置。如果需要改变元素的中心点,则可以使用 transform-origin 属性,其基本语法格式如下。

```
transform-origin: x-axis y-axis z-axis;
```

在上述语法格式中,transform-origin 属性包含 3 个参数,其默认值分别为 50%、50%、0px。transform-origin 属性的参数及其说明如表 7-4 所示。

表 7-4 transform-origin 属性的参数及其说明

参数	说明
x-axis	定义视图被置于 x 轴的何处。属性值可以是百分比数值、倍率、像素值等具体的值,也可以是 top、right、bottom、left 和 center 等关键词
y-axis	定义视图被置于 y 轴的何处。属性值可以是百分比数值、倍率、像素值等具体的值,也可以是 top、right、bottom、left 和 center 等关键词
z-axis	定义视图被置于 z 轴的何处。需要注意的是,该值不能是百分比数值,否则将会视为无效值,一般单位为像素(px)

在表 7-4 中,参数 x-axis 和 y-axis 表示水平和垂直方向的坐标,用于实现 2D 变形;参数 z-axis 表示空间纵深坐标位置,用于实现 3D 变形。

下面通过一个案例来演示 transform-origin 属性的用法,如示例 7-6 所示。

示例 7-6:

```
<!doctype html>
<html>
<head>
<meta charset="UTF-8">
<title>transform-origin 属性</title>
<style>
#div1{
    position:relative;
```

```css
    width: 200px;
    height: 200px;
    margin: 100px auto;
    padding:10px;
    border: 1px solid black;
}
#box02{
    padding:20px;
    position:absolute;
    border:1px solid black;
    background-color: red;
    transform:rotate(45deg);              /*旋转 45°*/
    transform-origin:20% 40%;             /*更改中心点的位置*/
}
#box03{
    padding:20px;
    position:absolute;
    border:1px solid black;
    background-color:#FF0;
    transform:rotate(45deg);              /*旋转 45°*/
}
</style>
</head>
<body>
<div id="div1">
    <div id="box02">box02 更改基点位置</div>
    <div id="box03">box03 未更改基点位置</div>
</div>
</body>
</html>
```

在示例 7-6 中，先通过 transform 属性的 rotate()方法将 box02 和 box03 都旋转 45°，然后通过 transform-origin 属性来更改 box02 中心点的位置。

运行示例 7-6，效果如图 7-7 所示。

图 7-7　改变中心点示例

从图 7-7 中可以看出，box02 和 box03 发生了错位。两个盒子的初始位置相同，旋转角度也相同，发生错位的原因是 transform-origin 属性改变了 box02 中心点的位置。

7.2.2 3D 变形

2D 变形是元素在 x 轴和 y 轴的变化，而 3D 变形是元素绕 x 轴、y 轴、z 轴的变化。相比于平面化的 2D 变形，3D 变形更注重空间位置的变化。下面将对网页中一些常用的制作 3D 变形效果的方法做具体介绍。

1. rotateX()方法

在 CSS3 中，rotateX()方法可以使指定元素绕 x 轴旋转，其基本语法格式如下。

```
transform:rotateX (a);
```

在上述语法格式中，参数 a 用于定义旋转的角度值，单位为 deg。旋转的角度值可以是正数也可以是负数。如果角度值为正数，元素将绕 x 轴顺时针旋转；如果角度值为负数，元素将绕 x 轴逆时针旋转。

下面通过一个案例来演示 rotateX()方法的用法，如示例 7-7 所示。

示例 7-7：

```
<!doctype html>
<html>
<head>
<meta charset="UTF-8">
<title>rotateX()方法</title>
<style type="text/css">
div{
    width:250px;
    height:50px;
    background-color:#FF0;
    border:1px solid black;
}
div:hover{
    transition:all 1s ease 2s;         /*设置过渡效果*/
    transform:rotateX(60deg);
}
</style>
</head>
<body>
<div>元素旋转后的位置</div>
</body>
</html>
```

在示例 7-7 中，第 15 行代码用于设置<div>标签绕 x 轴旋转 60°。

运行示例 7-7，效果如图 7-8 所示。

(a) 初始状态　　　　　　　　　　　　　　　(b) 围绕 x 轴旋转

图 7-8　rotateX()方法的应用

当鼠标指针悬停在初始状态上时，盒子将绕 x 轴旋转。

2. rotateY()方法

在 CSS3 中，rotateY()方法可以使指定元素绕 y 轴旋转，其基本语法格式如下。

transform: rotateY (a);

在上述语法格式中，参数 a 与 rotateX()方法中的参数 a 含义相同，用于定义旋转的角度。如果角度值为正数，元素绕 y 轴顺时针旋转；如果角度值为负数，元素绕 y 轴逆时针旋转。

下面在示例 7-7 的基础上演示元素绕 y 轴旋转的效果。将示例 7-7 中的第 15 行代码进行如下更改。

transform:rotateY (60deg);

此时，刷新浏览器页面，元素将绕 y 轴顺时针旋转 60°，效果如图 7-9 所示。

(a) 初始状态　　　　　　　　　　　　　　　(b) 围绕 y 轴旋转

图 7-9　rotateY()方法的应用

3. rotate3d()方法

rotate3d()方法是 rotateX()方法、rotateY()方法和 rotateZ()方法演变的综合属性，用于实现元素的 3D 旋转。如果要同时设置元素绕 x 轴和 y 轴旋转，就可以使用 rotate3d()方法，其基本语法格式如下。

rotate3d (x,y,z, angle);

在上述语法格式中，x、y、z 可以取 0 或 1，当要沿着某一轴旋转，就将该轴的值设置为 1，否则设置为 0；angle 为要旋转的角度。例如，设置元素绕 x 轴和 y 轴均旋转 45°，代码如下所示。

```
transform;rotate3d (1,1, 0, 45deg) ;
```

7.3 动画效果

过渡和变形只能设置元素的变换过程，并不能对过程中的某一环节进行精确控制。例如，过渡和变形实现的动态效果不能重复播放。为了实现更加丰富的动画效果，CSS3 提供了 animation 属性，使用 animation 属性可以定义复杂的动画效果。下面将详细讲解在网页中添加动画效果的方法。

7.3.1 @keyframes 规则

@keyframes 规则用于创建动画，animation 属性只有配合@keyframes 规则才能实现动画效果，因此在学习 animation 属性之前，先要学习@keyframes 规则。@keyframes 规则的基本语法格式如下。

```
@keyframes animationname{
    keyframes-selector{css-style;}
}
```

在上述语法格式中，各参数的具体含义如下。

- animationname：表示当前动画的名称(即后文将讲解的 animation-name 属性定义的名称)，它将作为引用时的唯一标识，因此不能为空。
- keyframes-selector：关键帧选择器，用于指定当前关键帧应用到整个动画过程中的位置，其值可以是一个百分比数值、from 或 to。其中，from 和 0%效果相同，表示动画的开始；to 和 100%效果相同，表示动画的结束。当两个位置应用同一个效果时，这两个位置使用英文逗号隔开，如"20%,80%{opacity:0.5;}"。
- css-styles：用于定义执行到当前关键帧时对应的动画状态，由 CSS 样式属性定义，多个属性之间用英文分号分隔，不能为空。

例如，使用@keyframes 规则可以定义一个淡入动画，示例代码如下。

```
@keyframes appear{
    0% {opacity:0;}        /*动画开始时的状态，完全透明*/
    100%{opacity:1;}       /*动画结束时的状态，完全不透明*/
}
```

上述代码创建了一个名为 appear 的动画，该动画在开始时 opacity 为 0(透明)，动画结束时 opacity 为 1(不透明)。该动画效果还可以使用等效代码来实现，具体如下。

```
@keyframes appear{
        from {opacity:0;}         /*动画开始时的状态,完全透明*/
        to{opacity:1;}            /*动画结束时的状态,完全不透明*/
}
```

另外,如果需要创建一个淡入淡出的动画效果,其示例代码如下。

```
@keyframes appear{
        from,to {opacity:0;}      /*动画开始和结束时的状态,完全透明*/
        20%,80%{opacity:1;}       /*动画的中间状态,完全不透明*/
}
```

在上述代码中,为了实现淡入淡出的效果,需要定义在动画开始和结束时元素不可见,然后渐渐淡入,在动画的20%处变得可见,等到动画效果持续到80%处,再慢慢淡出。

注意:
版本低于IE9.0的IE浏览器不支持@keyframes规则和animation属性。

7.3.2 animation-name 属性

animation-name 属性用于定义要应用的动画名称,该动画名称会被@keyframes 规则引用,其基本语法格式如下。

```
animation-name:keyframename | none;
```

在上述语法格式中,animation-name 属性的初始值为 none,适用于所有块元素和行内元素;keyframename 参数用于定义需要绑定到@keyframes 规则的名称,如果值为 none,则表示不应用任何动画。

7.3.3 animation-duration 属性

animation-duration 属性用于定义整个动画效果持续的时间,其基本语法格式如下。

```
animation-duration: time;
```

在上述语法格式中,animation-duration 属性的初始值为 0,常用单位是秒(s)和毫秒(ms)。当取值为 0 时,表示没有任何动画效果;当取值为负数时会被视为 0。

下面通过卡通小人奔跑案例来演示 animation-name 属性和 animation-duration 属性的用法,如示例 7-8 所示。

示例 7-8:

```
<!doctype html>
<html>
<head>
```

```
<meta charset="UTF-8">
<title>animation-duration 属性</title>
<style type="text/css">
img{
    width:200px;
    animation-name:mymove;              /*定义动画名称*/
    animation-duration:10s;             /*定义动画的持续时间*/
}
@keyframes mymove{
    from {transform:translate(0) rotateY(180deg);}
    50% {transform:translate(1000px) rotateY(180deg);}
    51% {transform:translate(1000px) rotateY(0deg);}
    to {transform:translate(0) rotateY(0deg);}
}
</style>
</head>
<body>
<img src="images/people.gif" >
</body>
</html>
```

在示例 7-8 中，第 9 行代码使用 animation-name 属性定义要应用的动画名称；第 10 行代码使用 animation-duration 属性定义整个动画效果持续的时间；第 13~16 行代码使用 fom、to 和百分比数值指定当前关键帧要应用的动画效果。

运行示例 7-8，卡通小人会从左到右进行一次折返跑，效果如图 7-10 所示。

图 7-10　animation-name 属性和 animation-duration 属性的应用示例

7.3.4　animation-timing-function 属性

animation-timing-function 属性用于定义动画的速度曲线，决定了动画将以什么样的速度执行。animation-timing-function 属性的基本语法格式如下。

```
animation-timing-function:value;
```

在上述语法格式中，animation-timing-function 属性的默认属性值为 ease。animation-timing-function 属性的常用属性值及其说明如表 7-5 所示。

表 7-5 animation-timing-function 属性的常用属性值及其说明

属性值	说明
linear	动画从始至终的速度是相同的
ease	默认属性值，动画以低速开始，然后加快，在结束前变慢
ease-in	动画以低速开始
ease-out	动画以低速结束
ease-in-out	动画以低速开始和结束
cubic-bezier(n,n,n,n)	用于自定义动画速度，n 的取值一般为 0~1

例如，若想使元素匀速运动，则应编写如下代码。

```
animation-timing-function: linear; /*定义匀速运动*/
```

7.3.5 animation-delay 属性

animation-delay 属性用于定义执行动画效果延迟的时间，即规定动画何时开始播放，其基本语法格式如下。

```
animation-delay:time;
```

在上述语法格式中，animation-delay 属性的默认值为 0，常用单位是秒(s)和毫秒(ms)。animation-delay 属性适用于所有的块元素和行内元素。

例如，若想使元素在 2s 后执行动画效果，则可以编写如下代码。

```
animation-delay:2s;
```

此时，刷新浏览器页面，延迟 2s 后元素才开始执行动画效果。需要说明的是，也可以将 animation-delay 属性的属性值设置为负值，当设置为负值后，动画会跳过该时间播放。

7.3.6 animation-iteration-count 属性

animation-iteration-count 属性用于定义动画的播放次数，其基本语法格式如下。

```
animation-iteration-count: number| infinite;
```

在上述语法格式中，animation-iteration-count 属性的初始值为 1。如果其属性值为数字(number)，则表示播放动画的次数；如果为 infinite，则指定动画循环播放。示例代码如下。

```
animation-iteration-count:3;
```

在上述代码中,animation-iteration-count 属性规定动画需要连续播放 3 次。

7.3.7 animation-direction 属性

animation-direction 属性用于定义当前动画播放的方向,即规定动画播放完成后是否逆向交替循环。animation-direction 属性的基本语法格式如下。

animation-direction: normal | alternate;

在上述语法格式中,animation-direction 属性包括 normal 和 alternate 两个属性值。其中,normal 为默认属性值,动画会正常播放;alternate 会使动画在奇数次时正常播放,而在偶数次时逆向播放。因此,要想使 animation-direction 属性生效,则要先定义 animation-iteration-count 属性(播放次数),只有动画播放次数不少于 2 时,animation-direction 属性才会生效。

下面通过一个小球滚动案例来演示 animation-direction 属性的用法,如示例 7-9 所示。

示例 7-9:

```
<!doctype html>
<html>
<head>
<meta charset="UTF-8">
<title>animation-direction 属性</title>
<style type="text/css">
div{
    width:200px;
    height:150px;
    border-radius:50%;
    background:#F60;
    animation-name:mymove;              /*定义动画名称*/
    animation-duration:8s;              /*定义动画的持续时间*/
    animation-iteration-count:2;        /*定义动画的播放次数*/
    animation-direction:alternate;      /*动画逆向播放*/
}
@keyframes mymove{
    from {transform:translate(0) rotateZ(0deg);}
    to {transform:translate(1000px) rotateZ(1080deg);}
}
</style>
</head>
<body>
<div></div>
</body>
</html>
```

在示例 7-9 中，第 14 行和第 15 行代码设置了动画的播放次数和逆向播放，在第 2 次播放动画时，小球逆向回滚。

运行示例 7-9，效果如图 7-11 所示。

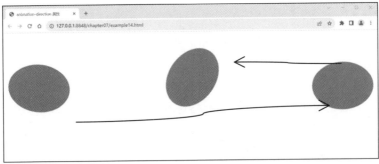

图 7-11　animation-direction 属性的应用示例

7.3.8　animation 属性

animation 属性是一个简写属性，用于在一个属性中设置 animation-name、animation-duration、animation-timing-function、animation-delay、animation-iteration-count 和 animation-direction 这 6 个动画属性。

animation 属性的基本语法格式如下。

```
animation: animation-name animation-duration animation-timing-function animation-delay animation-iteration-count animation-direction;
```

注意，在使用 animation 属性时必须指定 animation-name 属性和 animation-duration 属性，否则动画效果将不会播放。下面的示例代码是一行简写后的动画效果代码。

```
animation:mymove 5s 1inear 2s 3 alternate;
```

上述代码也可以拆解为如下内容。

```
animation-name :mymove;              /*定义动画名称*/
animation-duration: 5s;              /*定义动画持续的时间*/
animation-timing-function:linear;    /*定义动画的速度曲线*/
animation-delay:2s;                  /*定义动画的延迟时间*/
animation-iteration-count:3;         /*定义动画的播放次数*/
animation-direction:alternate;       /*定义动画逆向播放*/
```

上机目标

通过 CSS3 中的过渡、变形、动画为页面添加动态效果。

上机练习

为菜单导航添加动画效果：鼠标移入菜单栏时文字颜色变成黑色，并呈现上下弹跳的效果。

【问题描述】

新建网页，创建菜单导航，当鼠标移入菜单栏时，文字颜色改变，并呈现上下弹跳的动画效果。

【问题分析】

(1) 用无序列表创建菜单导航，用 a 标签存放菜单文本，效果如图 7-12 所示。

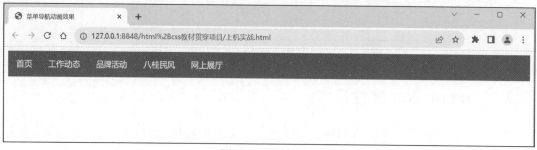

图 7-12 菜单导航

(2) 利用选择器监听鼠标的移入动作。

(3) 当鼠标移入菜单栏时，文字颜色变成黑色，并呈现上下弹跳的动画效果。

【参考步骤】

(1) 新建一个 HTML 网页，将网页标题设为"菜单导航动画效果"。

(2) 编写一个无序列表，每一列都有一个 a 标签，用于存放菜单栏文本。

(3) 利用 :hover 选择器监听鼠标的移入动作，并触发已定义好的动画事件，实现文字的弹跳效果，同时改变文字颜色。

(4) 完整代码如下所示。

```
<!DOCTYPE html>
<html lang="zh">
<head>
    <meta charset="UTF-8">
    <meta http-equiv="X-UA-Compatible" content="IE=edge">
    <meta name="viewport" content="width=device-width, initial-scale=1.0">
    <title>菜单导航动画效果</title>
    <style>
        nav {
            background-color: #E1322A;
            height: 50px;
        }

        nav ul {
            list-style-type: none;
```

```css
            margin: 0;
            padding: 0;
            overflow: hidden;
        }

        nav li {
            float: left;
        }

        nav li a {
            display: block;
            color: white;
            text-align: center;
            padding: 14px 16px;
            text-decoration: none;
        }

        /* 动画效果 */
        nav li a:hover {
            animation: bounce 0.5s;
            color: black;
        }

        @keyframes bounce {
            0% {
                transform: translateY(0);
            }

            50% {
                transform: translateY(-8px);
            }

            100% {
                transform: translateY(0);
            }
        }
    </style>
</head>
<body>
    <nav>
        <ul>
            <li><a href="#">首页</a></li>
            <li><a href="#">工作动态</a></li>
            <li><a href="#">品牌活动</a></li>
            <li><a href="#">八桂民风</a></li>
            <li><a href="#">网上展厅</a></li>
        </ul>
```

```
            </nav>
        </body>
</html>
</html>
```

注意：
严格按照编码规范进行编码，注意缩进位置和代码大小写，符号为英文符号。

单元自测

1. 下列选项中，属于 transition-property 属性值的是(　　)。
   A. none　　　　　　　　　　　　B. all
   C. both　　　　　　　　　　　　 D. property
2. 下列关于 transition 属性的描述，正确的是(　　)。
   A. transition 属性是一个复合属性
   B. 设置多种过渡效果时，各种参数必须按顺序定义
   C. 设置多种过渡效果时，各种参数不必按顺序定义
   D. 设置多种过渡效果时，各种参数用英文逗号进行分隔
3. 在 CSS3 中，可以实现平移效果的方法是(　　)。
   A. translate()　　　　　　　　　B. scale()
   C. skew()　　　　　　　　　　　D. rotate()
4. 在 CSS3 中，可以实现旋转效果的方法是(　　)。
   A. translate()　　　　　　　　　B. scale()
   C. skew()　　　　　　　　　　　D. rotate()
5. 下列选项中，可以同时使元素绕 x 轴和 y 轴旋转的方法是(　　)。
   A. rotateXY()　　　　　　　　　B. rotate3d()
   C. perspective　　　　　　　　　D. rotate()
6. 下列选项中，用于定义动画播放次数的属性是(　　)。
   A. animation-direction　　　　　B. animation-iteration-count
   C. animation　　　　　　　　　 D. animation-duration
7. 下列选项中，用于定义动画播放方向的属性是(　　)。
   A. animation-direction　　　　　B. animation-iteration-count
   C. animation　　　　　　　　　 D. animation-duration

单元小结

- transition 属性用于设置元素的过渡效果。
- 通过 2D 或 3D 变形，可以对元素进行平移、缩放、倾斜、旋转等操作。
- @keyframes 规则用于创建动画。
- animation 属性用于定义动画效果。

完成工单

PJ07 完成广西文旅项目传统工艺模块的动画设置

本项目重点介绍使用 HTML+CSS 代码进行网站布局与美化的方法。

PJ07 任务目标

- 完成传统工艺模块的页面布局和样式美化。
- 完成文字动画设置。

PJ0701 完成传统工艺模块的页面布局和样式美化

【任务描述】

在网页中使用 HTML+CSS 代码，对传统工艺模块进行合理布局和样式美化。

【任务分析】

(1) 完成传统工艺模块的页面布局，并添加合适的标签类名。

(2) 对传统工艺模块进行样式美化。

【参考步骤】

(1) 在广西文旅网站的首页进行传统工艺模块的页面布局，并设置对应的类名，代码如下所示。

```
<div class="traditional-craft" id="traditional-craft">
    <h3>传统工艺</h3>
    <div class="list">
        <div class="item">
            <img src="./img/gongyi1.jpg" alt="">
            <div class="contInfo">
                <p class="title">壮族织锦技艺</p>
                <p class="content">壮锦作为工艺美术织品，是壮族的优秀文化遗产之一，它不仅可以为中国少数民族纺织技艺的研究提供生动的实物材料，还可以为中国乃至世界的纺织史增添活态的例证，对继承和弘扬民族文化，增强民族自信心起到积极的作用。壮族织锦技艺是广西壮族自治区靖西县地方传统手工技艺，2006 年 5 月 20 日，壮族织锦技艺经国务院批准列入第一批国家级非物质文化遗产名录。</p>
```

```html
                    <p class="tip">查看详情 >></p>
                </div>
            </div>
            <div class="item">
                <img src="./img/gongyi5.jpeg" alt="">
                <div class="contInfo">
                    <p class="title">坭兴陶烧制技艺</p>
                    <p class="content">钦州坭兴陶的"窑变"艺术采用还原气氛进行一系列特殊工艺的处理，艺术品位极高，故有"中国一绝"之称。钦州特有的陶土，无须添加任何陶瓷颜料，在烧制过程中偶有发现其部分胎体发生窑变现象，出炉制品一经打磨去璞后即发现其真面目，并形成各种斑斓绚丽的色彩和纹理，如天蓝、古铜、虎纹、天斑、墨绿等意想不到的诸多色泽，可谓"火中求宝、难得一件，一件在手、绝无类同"。称之为"坭兴珍品"，具有极高的收藏价值。</p>
                    <p class="tip">查看详情 >></p>
                </div>
            </div>
            <div class="item">
                <img src="./img/gongyi3.jpg" alt="">
                <div class="contInfo">
                    <p class="title">渡河公制作技艺</p>
                    <p class="content">"渡河公"放渡的民俗源于一个美丽的传说：远古的时候，民不聊生，玉皇大帝委派一位美丽善良的仙女下凡，拯救受旱灾的黎民百姓。仙女在人间爱上了一位饱读诗书的英俊少年并与他成婚，过着幸福美满的生活。但这一行为触犯了天条，震怒的玉帝下令海龙王发威，把整片大地变成汪洋大海。一对金童玉女抱着大南瓜，浮在水面上漂流。洪灾过后，他们幸存下来，开始新的生活，并繁衍后代。</p>
                    <p class="tip">查看详情 >></p>
                </div>
            </div>
            <div class="item">
                <img src="./img/gongyi4.jpeg" alt="">
                <div class="contInfo">
                    <p class="title">点米成画</p>
                    <p class="content">非物质文化遗产项目名录《点米成画》在邕宁区孟莲街已有上百年历史。每年准备到七夕节，家家户户的巧手们便开始提前制作点米成画。画作的主题多以男耕女织和牛郎织女传说故事等传统文化为题材，用大米、黄小米、芝麻、麦子、高粱等蘸上各种颜色作画。展现当地村民心灵手巧，寄托了大家对家庭和睦、美好爱情的追求，以及祈求风调雨顺、五谷丰登。</p>
                </div>
            </div>
        </div>
    </div>
```

(2) 对传统工艺模式进行样式美化，代码如下所示。

```css
.traditional-craft {
    width: 1250px;
    margin: 20px auto;
```

```css
        padding: 10px 20px;
        border-top: 5px solid #7f0404;
}

.traditional-craft h3 {
        font-size: 36px;
        font-family: PingFangSC-Semibold, PingFang SC;
        font-weight: 600;
        color: #7f0404;
        text-align: center;
}

.traditional-craft .list {
        display: flex;
        flex-wrap: wrap;
        justify-content: space-between;
}

.traditional-craft .list .item {
        width:49.5%;
}
.traditional-craft img {
        height: 450px;
        width: 98%;
}
.traditional-craft .list .item .contInfo {
        width: calc(100% - 80px);
        height: 250px;
        transform: translateY(-50px);
        margin: 0 auto;
        background-color: #fff;
        box-shadow: 05px 10px 0 rgba(0, 0, 0, 0.2);
        border-radius: 4px;
}
.traditional-craft .contInfo{
        cursor: pointer;
}
.traditional-craft .list .item .contInfo .title {
        font-size: 36px;
        font-family: PingFangSC-Semibold, PingFang SC;
        font-weight: 600;
        color: #7f0404;
        padding: 30px 30px 20px 30px;
        margin: 0;
        overflow: hidden;
```

```css
        text-overflow: ellipsis;
        white-space: nowrap;
}

.traditional-craft .list .item .contInfo .content {
        font-size: 14px;
        font-family: PingFangSC-Regular, PingFang SC;
        font-weight: 400;
        color: #666;
        padding: 0 30px;
        line-height: 24px;
        text-indent: 2em;
        overflow: hidden;
        text-overflow: ellipsis;
        display: -webkit-box;
        -webkit-line-clamp: 4;
        -webkit-box-orient: vertical;
        height: 96px;
}
```

(3) 按快捷键F12，在谷歌浏览器中查看index.html页面，如图7-13所示。

图7-13　传统工艺模块布局(版面有限，只展示部分页面)

PJ0702 完成文字动画设置

【任务描述】

当鼠标悬停在图片下方的文字描述上时，显示"查看详情"文字，并使其在1s内旋转360°。

【任务分析】

(1) 在图片下方的文字处添加一个"查看详情"的标签，并设置为绝对定位，初始化为隐藏状态(设置透明度为0)。

(2) 将文字的最大盒子设置为相对定位。

(3) 当鼠标指针悬停在文字处时，显示第(1)步隐藏的文字，并为整个显示隐藏的过程添加一种过渡效果，持续时间为 0.5s。

【参考步骤】

(1) 编写一个"查看详情"标签，设置绝对定位，并设置默认隐藏(透明度为 0)，父盒子设置相对定位。

(2) 设置文字动画效果，代码如下所示。

```
// 标签
<p class="tip"><span>查看详情　>></span></p>

//样式
.traditional-craft .contInfo{
    position: relative;
    cursor: pointer;
}
.traditional-craft .contInfo .tip{
    position: absolute;
    bottom:-16px;
    height: 100%;
    color: white;
    left: 0;
    right: 0;
    display: flex;
    justify-content: center;
    align-items: center;
    background-color: rgba(0, 0, 0, 0.6);
    opacity: 0;
    transition: opacity 0.5s ease-in-out;
    border-radius: 4px;
}
.traditional-craft .contInfo:hover .tip{
    opacity: 1;
}
.traditional-craft .contInfo:hover .tip span{
    opacity: 1;
    animation: rotate 1s 1;
}
@keyframes rotate{
    0%{
        transform: rotate(0deg);
    }
    100%{
        transform: rotate(360deg);
    }
}
```

(3) 在浏览器中运行代码，效果如图 7-14 所示。

图 7-14 传统工艺模块最终效果图(版面有限，只展示部分页面)

PJ07 评分表

序号	考核模块	配分	评分标准
1	完成传统工艺模块的页面布局和样式美化	50 分	1. 正确搭建传统工艺模块的布局，显示正常(25 分) 2. 正确使用标签和类名(25 分)
2	完成文字动画设置	40 分	1. 正确设置鼠标指针悬停的动画效果(20 分) 2. 正确编写 CSS 样式(20 分)
3	编码规范	10 分	文件名、标签名、缩进等符合编码规范(10 分)

工单评价

任务名称	PJ07. 广西文旅项目传统工艺模块的动画设置				
工号		姓名		日期	
设备配置		实训室		成绩	
工单任务	1. 完成传统工艺模块的页面布局和样式美化。 2. 完成文字动画设置。				
任务目标	1. 实现传统工艺模块的标签嵌套。 2. 实现传统工艺模块的布局和动画展示。				

任务编号	开始时间	完成时间	工作日志	完成情况
PJ07				

学生自我评价：
请根据任务完成情况进行自我评估，并提出改进方法。
技术方面

素养方面

教师评价：
1. 对学生的任务完成情况进行点评。

2. 学生本次任务的成绩。

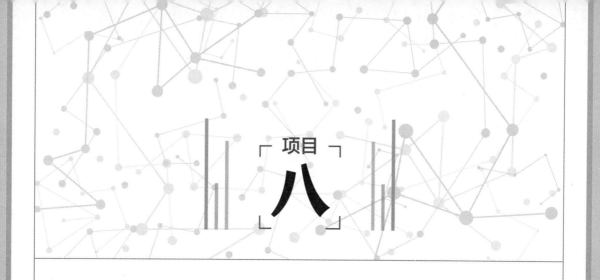

项目八

文旅网站的制作与整合

项目简介

- ❖ 本项目主要完成广西文旅网站的制作与整合。
- ❖ 介绍了网站的开发流程和实际方法。
- ❖ 介绍了使用 DIV 和样式表进行布局的方法。

工单任务

任务名称	PJ08. 广西文旅网站的制作与整合				
工号		姓名		日期	
设备配置		实训室		成绩	
工单任务	1. 掌握开发网站的具体流程。 2. 正确使用 DIV 和样式表进行页面布局。				
任务目标	1. 对网站进行页面结构分析和整体框架搭建。 2. 进行合理的页面布局和样式美化。				

一、课程目标与素养发展

1. 技术目标

（1）掌握网站开发的具体流程。

（2）正确使用 DIV 和样式表进行布局。

（3）完成网站各个模块的制作与整合。

2. 素养目标

（1）养成良好的编码习惯。

（2）学习如何规划网站的布局，有助于更好地理解做好职业规划的重要性，通过课程学习树立自己的职业理想。

（3）提高系统分析能力。

（4）学会把复杂的问题简单化，逐个解决。

二、决策与计划

任务 1：掌握开发网站的具体流程

【任务描述】

根据提供的网站效果图，对网站的页面结构进行分析，将其划分为几个合理的版块，并搭建网页的整体框架。

【任务分析】

（1）分析提供的效果图，划分页面版块。

（2）搭建网页的整体框架。

【任务完成示例】

logo 部分 class="header"	logo
导航栏 class="nav"	导航
中间内容 class="content" 　　　名优特产 class="product" 　　　名胜古迹 class="places" 　　　文学艺术 class="art" 　　　传统工艺 class="traditional-craft"	内容
底部 class="footer"	底部

任务 2：正确使用 DIV 和样式表进行页面布局

【任务描述】

对搭建的框架进行内容填充，利用 HTML 和 CSS 制作一个完整的网站。

【任务分析】

(1) 填充网站的 logo 部分的内容。

(2) 填充网站的导航栏部分的内容。

(3) 填充网站的名优特产部分的内容。

(4) 填充网站的名胜古迹部分的内容。

(5) 填充网站的文学艺术部分的内容。

(6) 填充网站的传统工艺部分的内容。

(7) 填充网站的 footer 底部的内容。

【任务完成示例】

名胜古迹

桂林漓江
桂林山水甲天下的山水风光

印象刘三姐
全新概念的山水实景演出

龙脊梯田
绵延如行云流水般壮美

北海银滩
沙质洁白的海滩，天下第一滩

涠洲岛
中国最年轻的火山岛之一

明仕田园
《花千骨》取景地

文学艺术　　　　　　　　　　　　　　　　　　　　　　　　　　更多>>

龙胜壮族山歌精彩亮相"中国花儿大会"民歌展演

龙胜壮族山歌精彩亮相"中国花儿大会"民歌展演

· 学条例、践民优、办实事"签订工作条例》实施一周年山歌展示在芒...	2023-05-31
· 广西5件民间工艺继外参评中国民间文艺山花奖	2023-05-31
· 共享共美共进——桂剧滇池山歌擂台赛、中国西部六省区民歌会在...	2023-05-24
· 乐业县2023年山汉族山歌大赛（桂剧滇池滇西依家清香）圆满落幕	2023-05-09
· 唱着情歌去大埂》广西民俗唱响中国民歌节 大埂燃宜江	2023-05-09
· 《中国民间文学大系·歌谣·桐族分卷》审稿会在三江召开	2023-05-06
· "健康中国我行动 团结俭德话心向党"——2023"八桂民俗盛典·刘三姐小...	2023-06-01
· 2023桂彩滇池山歌擂台赛暨中国南部区民歌会活动获奖名单公示	2023-05-21
· 广西土河文化旅游活动简系列活动——桂剧滇池山歌擂台赛、中国西...	2023-05-06
· 2023"八桂民俗盛典·刘三姐小伶人"演评活动过稿启事	2023-05-04
· "壮族三月三·八桂嘉年华"——乐业县2023年山汉族山歌大赛（桂剧桐...	2023-05-03
· 广西民间文艺家协会关于协授予第十六届中国民间文艺山花奖 优...	2023-04-26
· 关于全区第九届壮欢山歌赛作赛首 八桂民俗盛典 壮族三月三"锅耀...	2023-04-17
· 关于招募中国民间文化遗产核编志愿服务讲师的通知	2023-04-11
· 2025年广西民间文艺家协会第一批新会员公示	2023-04-03
· 关于举办第十六届中国民间文艺山花奖 优秀民间文学著作品评奖活...	2023-03-28
· 关于举办第十六届中国民间文艺山花奖 优秀民间文艺学术著作评奖...	2023-02-15
· 2023年"我们的节日·春节"文化进万家 玉兔迎新春"广西民间文艺原创...	2023-01-21

传统工艺

壮族织锦技艺
壮锦织为工艺基本技法，是壮族的优秀文化遗产之一，它不但反映了中国壮族劳动人民的织造智慧和艺术创造能力的劳动结晶，正反映了中国少数民族妇女绚丽多彩的壮丽文化，对提高和弘扬民族文化、繁荣民族文艺创作等都具有重要的意义。壮族织锦技艺是广西民族的重要非物质文化遗产之一，2006年5月20日...

坭兴陶烧制技艺
钦州传统制陶"坭兴"艺术早起源于隋唐一系列陶瓷工艺的继续，艺术品味极强。钦州"中国——钦"之称，钦州陶自钦坭土，无毒无害且亲肌肤保湿，在陶瓷制作中再继续保留钦州陶自陶土黄金龙化，出炉了精品工艺造型硬实而具有自然纹理，并形成各种盘缀相烟的光质纹样、如水富、古朴、光...

渡河公制作技艺
"渡河公"这是的传统儿童——个美丽的传说：在古时候，环下都生活着一位善良勤劳的少女，玉皇大帝委责一位贤德的少年，给他学习勤劳的品格，恰在在一夜间，遇一位贤慧的少年慰问少年的少女相见，过着幸福美丽的生活，他以一家为邻陪伴着天，复的便玉皇下天发现无意无异，把握大天地而相思大思，一对...

点米成画
非物质文化遗产的传统工艺《点米成画》在南宁坛表苏乡上岂有历史，指当地姑娘在少节日、家里户产生婴儿等逢年过节或国事如做到新房时，姑娘或大家好好饰事的贴事，用作坭花、黍、高粱、麦子、蓝豆等制颜色米拼成，通过独具匠心的表巧，巧汇成了大家...

© 广西文旅网 版权所有

三、实施

1. 任务

内容	要求
掌握网站开发的具体流程	1. 正确划分网站的页面结构。 2. 正确搭建网页的整体框架。
正确使用 DIV 和样式表进行页面布局	1. 正确填充网页的各部分内容。 2. 正确编写 CSS 样式代码进行页面美化。

2. 注意事项

(1) 编辑器使用 HBuilderX 2.6(或以上版本)或 VSCode 1.5(或以上版本)。

(2) 功能实现完整,并且调试无误。

(3) 按编码规范进行编码。

工作手册

在前面的项目中,我们系统地学习了如何制作网页中的各个模块,那么如何将这些模块整合成为一个完整的网站,使得整个网站更加完善,更具吸引力呢?

下面将具体讲解网站的开发流程和页面布局。

8.1 网站开发流程

8.1.1 结构分析

在开发网站前,需要对网站的页面结构进行分析。图 8-1 是一个商业网站的部分效果图。由于版面有限,此处只呈现了其大部分内容,主体部分中的"优选推荐"和"夏装推荐"部分尚未展示。此网站在网页中显示的样式如图 8-2 所示。

从图 8-1 中可以看出,整个页面分为头部、主体和底部三大部分。头部又分为顶部登录注册、搜索栏、导航栏三部分。主体又分为轮播图、广告和内容三部分,其中内容部分包括每日秒杀、优客 T 恤、新品预售、优选推荐、夏装推荐、更多推荐和底部七部分。整个网页居中显示。

项目八 文旅网站的制作与整合

图 8-1 网站部分效果图

优客Youcl
水柔棉 女款 2018新款
优美光泽·柔滑的肌肤触感
充值后相当于149元
充值购买更优惠
充100返100
立即充值
每日秒杀 光速抢购中
下载APP
在线客服

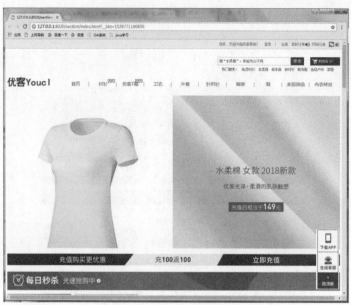

图 8-2　网页中的显示样式

8.1.2　搭建框架

对网站的整体结构有所了解后，搭建框架就非常容易了。网站的整体框架如图 8-3 所示。

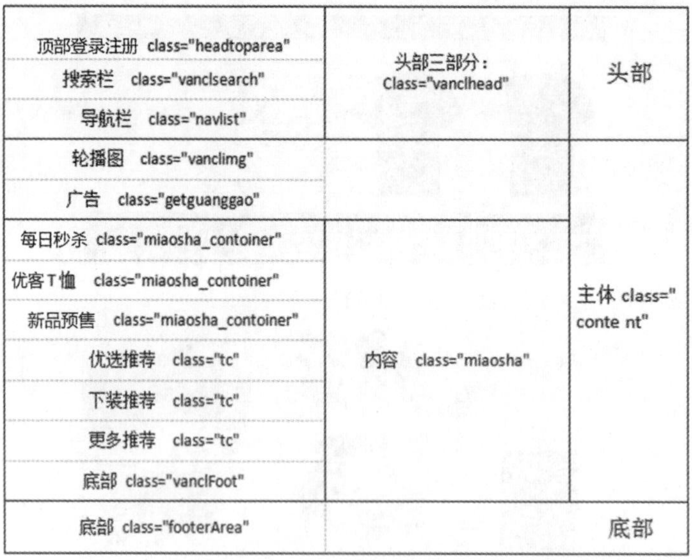

顶部登录注册 class="headtoparea"
搜索栏 class="vanclsearch"
导航栏 class="navlist"
头部三部分：
Class="vanclhead"
头部
轮播图 class="vanclimg"
广告 class="getguanggao"
每日秒杀 class="miaosha_contoiner"
优客T恤 class="miaosha_contoiner"
新品预售 class="miaosha_contoiner"
优选推荐 class="tc"
下装推荐 class="tc"
更多推荐 class="tc"
底部 class="vanclFoot"
内容 class="miaosha"
主体 class="
conte nt"
底部 class="footerArea"
底部

图 8-3　网站整体框架

首先新建一个 HTML 文件，将其命名为 index.html，并把<title>标签设为主页。注意，在编写网页的过程中，有人会把第一行代码删除，认为它没用，其实这行代码的作用很大，它声明了文档的解析类型，避免浏览器出现怪异模式，如果将其删除网页可能会在不同的浏览器中显示不同的样式。

```html
<!DOCTYPE html>
<head>
<meta charset="UTF-8" />
<title>主页</title>
</head>
<body>
</body>
</html>
```

然后依次插入标签。在此处，使用 HTML 中的新标签<header>、<section>和<footer>分别代表头部、主体和底部，这三个标签的功能和<div>标签的功能是一样的，代码如下。如此设置便于为 HTML 代码设置样式。

```html
<header class="vanclhead">
    <div class="headtoparea">此处显示 class "headtoparea"的内容</div>
    <div class="vanclsearch">此处显示 class "vanclsearch"的内容</div>
    <div class="navlist">此处显示 class "navlist"的内容</div>
</header>
<section class="content">
    <div class="vanclimg">此处显示 class "vanclimg"的内容</div>
    <div class="getguanggao">此处显示 class "getguanggao"的内容</div>
    <div class="miaosha">
      <div class="miaosha_contoiner">此处显示 class "miaosha_contoiner"的内容</div>
      <div class="miaosha_contoiner">此处显示 class "miaosha_contoiner"的内容</div>
      <div class="miaosha_contoiner">此处显示 class "miaosha_contoiner"的内容</div>
      <div class="tc">此处显示 class "tc"的内容</div>
      <div class="tc">此处显示 class "tc"的内容</div>
      <div class="tc">此处显示 class "tc"的内容</div>
      <div class="vanclFoot">此处显示 class "vanclFoot"的内容</div>
    </div>
</section>
<footer><div class="footerArea">此处显示 class "footerArea"的内容</div></footer>
```

通过前面的结构分析得知，整个网页在浏览器中是居中显示的，因此需要分别设置<header>、<content>、<footer>标签的宽度并使其居中显示。这样做很麻烦，为了方便，在这些标签外增加一个父标签，设置父标签的宽度并使其居中显示后，所有的标签便可居中显示。增加父标签后的代码如下。

```html
<div id="container">
<div id="header">此处显示 id "header" 的内容</div>
<header class="vanclhead">
    <div class="headtoparea">此处显示 class "headtoparea"的内容</div>
    <div class="vanclsearch">此处显示 class "vanclsearch"的内容</div>
    <div class="navlist">此处显示 class "navlist"的内容</div>
</header>
<section class="content">
    <div class="vanclimg">此处显示 class "vanclimg"的内容</div>
```

```
            <div class="getguanggao">此处显示 class "getguanggao"的内容</div>
            <div class="miaosha">
              <div class="miaosha_contoiner">此处显示 class "miaosha_contoiner"的内容</div>
              <div class="miaosha_contoiner">此处显示 class "miaosha_contoiner"的内容</div>
              <div class="miaosha_contoiner">此处显示 class "miaosha_contoiner"的内容</div>
              <div class="tc">此处显示 class "tc"的内容</div>
              <div class="tc">此处显示 class "tc"的内容</div>
              <div class="tc">此处显示 class "tc"的内容</div>
              <div class="vanclFoot">此处显示 class "vanclFoot"的内容</div>
            </div>
        </section>
        <footer><div class="footerArea">此处显示 class "footerArea"的内容</div></footer>
    </div>
```

最后设置 CSS 的样式表。此时需要先测量效果图的宽度,如果需要测量效果图的整体宽度,则可以直接查看图片尺寸;如果需要测量其中某一块的宽度,则可以使用测量软件(如 Photoshop)进行测量。最简单的方法就是使用 QQ 等软件的截图工具来测量,用这种方法可以很直观地看到选中区域的宽度和高度。

测量后得知效果图的整体宽度为 1200px,接下来就可以通过编写 CSS 代码进行布局了。为了增加代码的复用性,减少工作量,可以把 CSS 代码单独写在一个文件中,当其他页面也需要这种样式来布局时,就可以把这个 CSS 文件直接通过外部样式表的方式引用到 HTML 文件中。下面单独在 CSS 文件夹下新建一个 CSS 文件,将其命名为 layout.css。

先设置全局样式,全局样式代码如下。

```
body,div,dl,dt,dd,ul,ol,li,h1,h2,h3,h4,h5,h6,form,fieldset,legend,input,textarea,p,th,td,html,a,ul,li,ol,section,header,footer,nav {margin: 0;padding: 0;}
a{text-decoration: none;color: #333;}
ul li,ol li {list-style-type: none;}
input {font-family: inherit;font-size: inherit;font-weight: inherit;}
html,body {width: 100%;height: 100%;font-size: 12px;font-family: "宋体";color: #333;background: #fff;display: block;}
.fr {float: right;}
.fl {float: left;}
.pr {position: relative;}
.pa {position: absolute;}
.clear {clear: both;}
```

全局样式定义完后,再定义各版块的样式。此处先设置 .container 的样式,代码如下。

```
.containter {width: 100%;height: 100%;}
```

完成样式设置后预览 index.html 页面,发现页面并没有变化。这是为什么呢?因为刚才定义的样式表没有与 HTML 文件关联,所以设置的样式当然不能生效了。前面的项目中讲过将 CSS 应用于网页的几种方式,此处为了方便使用,使用外部样式,只需要在 HTML 头部添加如下代码即可。

```html
<link rel="stylesheet" type="text/css" href=css/index.css">
```

再次预览,发现页面的样式发生了变化,说明样式和文件关联好了。接下来设置每个大版块的样式,代码如下。

```css
/*body*/
#container { width：100%; height：100%}

/*header*/
.vanclhead {width: 100%;height: auto;}

/*content*/
.content {width: 1200px;margin: auto;}

/*footer*/
.footBottom {width: 100%;height: auto;margin: 0px auto;border-top: 1px solid #3e3a39;}
.subFooter {width: 980px;margin: 0px auto 25px;text-align: center;}
```

此外,在设计网页的过程中,当使用浮动(float)布局时,可能会出现父元素无法正常包含浮动子元素的问题,导致页面布局出现混乱。为了解决此问题,通常需要在 header、content 和 footer 之间添加一个具有特定.clearfloat 样式类的标签来清除浮动。同时,在 <style></style> 标签之间添加.clearfloat 对应的样式,这样,这个空元素就能够清除前面浮动元素的影响,防止它们溢出父元素,从而保证页面布局的正确性。具体代码如下。

```html
<html>
    <head>
        <meta charser="UTF-8" />
        <title>主页</title>
        <link href="css/index.css" rel="stylesheet" type="text/css" />
        <style>
            .clearfloat {
                clear: both;
                height: 0;
                font-size: 0;
                line-height: 0;
            }
        </style>
    </head>
    <body>
        <div id="container">
            <header class="vanclhead">
                <div class="headtoparea">此处显示 class "headtoparea"的内容</div>
                <div class="vanclsearch">此处显示 class "vanclsearch"的内容</div>
                <div class="navlist">此处显示 class "navlist"的内容</div>
            </header>
            <div class="clearfloat"></div>
            <section class="content">
                <div class="vanclimg">此处显示 class "vanclimg"的内容</div>
```

```html
                <div class="getguanggao">此处显示 class "getguanggao"的内容</div>
                <div class="miaosha">
                    <div class="miaosha_contoiner">此处显示 class "miaosha_contoiner"的内容</div>
                    <div class="miaosha_contoiner">此处显示 class "miaosha_contoiner"的内容</div>
                    <div class="miaosha_contoiner">此处显示 class "miaosha_contoiner"的内容</div>
                    <div class="tc">此处显示 class "tc"的内容</div>
                    <div class="tc">此处显示 class "tc"的内容</div>
                    <div class="tc">此处显示 class "tc"的内容</div>
                    <div class="vanclFoot">此处显示 class "vanclFoot"的内容</div>
                </div>
            </section>
            <div class="clearfloat"></div>
            <footer>
                <div class="footerArea">此处显示 class "footerArea"的内容</div>
            </footer>
        </div>
    </body>
</html>
```

8.2 网站页面布局

8.2.1 头部

确定好整体框架后，接下来的任务就是利用 HTML 和 CSS 制作一个完整的网站。首先，分析并设计头部区域。头部分为三部分：顶部登录注册部分，靠右侧显示；搜索栏部分，也靠右侧显示；导航栏部分，居中显示。因此，布局时需插入三个<div>标签，两个在右侧显示，一个通栏居中显示，代码如下所示。

```html
<header class="vanclhead">
    <div class="headtoparea">此处显示 class "headtoparea" 的顶部登录注册内容</div>
    <div class="vanclsearch">此处显示 class "vanclsearch" 的搜索栏内容</div>
    <div class="navlist">此处显示 class "navlist" 的导航栏内容</div>
</header>
```

接下来，对每个<div>标签的细节内容进行填充。

设置顶部登录注册部分，代码如下。

```html
<div class="headtoparea">
    <div class="headtop">
        <div class="headerTopRight" style="width: 126px;">
            <div class="active">
                <a class="mapDropTitle" style="color: #808080;">网站公告</a>
            </div>
            <div class="payattention"><em></em>
```

```
                <a class="vweixinbox">
                    <span class="vweixin" style="background: url(img/w1.jpg) no-repeat left 3px;"></span>
                </a>
                <a class="track vanclweibo" style="background: url(img/w2.jpg) no-repeat left 3px;"></a>
            </div>
        </div>
        <div class="headerTopLeft">
            <div class="top loginArea">
                您好,
                <span class="top">欢迎光临优客商城！ </span>
                <span><a class="top track">登录</a> | 
                    <a class="track">注册</a>
                </span>
            </div>
            <div class="recommendArea">
                <a class="track"> 我的订单</a>
            </div>
        </div>
    </div>
</div>
```

设置搜索栏部分，代码如下。

```
<div class="vanclsearch">
    <div class="searcharea fr">
        <div class="searchTab">
            <div class="search fl">
                <input type="text" class="searchText fl" placeholder="搜"水柔棉"，体验与众不同" defaultkey="水柔棉"
                    autocomplete="off">
                <input type="button" class="searchBtn" onfocus="this.blur()">
            </div>
            <div class="gowuche fr pl">
                <a>购物车(0)</a>
            </div>
        </div>
        <div class="hotword">
            <p>
                热门搜索：
                <a href="#">免烫衬衫</a>
                <a href="#">水柔棉</a>
                <a href="#">熊本熊</a>
                <a href="#">麻衬衫</a>
                <a href="#">帆布鞋</a>
                <a href="#">运动户外</a>
                <a href="#">家居</a>
```

```
                </p>
            </div>
        </div>
    </div>
```

设置导航栏部分，代码如下。

```
<div class="navlist">
    <ul>
        <li class="vancllogo_Con pa">
            <a href="#"></a>
        </li>
        <li>
            <a href="#">首页</a><span class="NavLine"></span>
        </li>
        <li>
            <a href="#">衬衫
                <div class="hover">
                    <ol>
                        <li>免烫</li>
                        <li>易打理</li>
                        <li>休闲</li>
                        <li>高支</li>
                        <li>法兰绒</li>
                        <li>牛津纺</li>
                        <li>青年布</li>
                        <li>牛仔</li>
                        <li>麻</li>
                        <li>水洗棉</li>
                        <li>泡泡纱</li>
                    </ol>
                </div>
            </a><em style="display:block;width:25px; height:13px; background:url(img/icon_hot.png) no-repeat scroll;
                position:absolute;left:67px;top:-5px;"></em><span class="NavLine"></span>
        </li>
        <li>
            <a href="#">优客T袖
                <div class="hover">
                    <ol>
                        <li>水柔棉</li>
                        <li>熊本熊T恤</li>
                        <li>POLO衫</li>
                        <li>字系列</li>
                        <li>复刻系列</li>
                        <li>顾湘</li>
                        <li>山鸟叔</li>
                        <li>神奇动物</li>
```

```html
            <li>脏画</li>
            <li>小宇宙</li>
            <li>电影台词</li>
            <li>科学怪人</li>
            <li>小王子</li>
            <li>宇航</li>
            <li>汪</li>
            <li>学霸</li>
            <li>运动T恤</li>
        </ol>
    </div>
</a>
<em style="display:block;width:25px;height:13px;background:url(img/icon_hot.png)no-repeatscroll;position:absolute;left:67px;top:-5px;"></em><span class="NavLine"></span>
</li>
<li>
    <a href="#">卫衣
        <div class="hover">
            <ol>
                <li>熊本熊</li>
                <li>开衫</li>
                <li>连帽</li>
                <li>圆领</li>
                <li>水柔棉</li>
            </ol>
        </div>
    </a><span class="NavLine"></span>
</li>
<li>
    <a href="#">外套
        <div class="hover">
            <ol>
                <li>运动户外</li>
                <li>皮肤衣</li>
                <li>西服</li>
                <li>C9 设计款</li>
                <li>夹克</li>
                <li>nautilus</li>
                <li>大衣</li>
                <li>羽绒服</li>
            </ol>
        </div>
    </a><span class="NavLine"></span>
</li>
<li>
    <a href="#">针织衫
```

```html
            <div class="hover">
                <ol>
                    <li>空调衫</li>
                    <li>棉线衫</li>
                    <li>羊毛衫</li>
                </ol>
            </div>
        </a><span class="NavLine"></span>
</li>
<li>
        <a href="#">裤装
            <div class="hover">
                <ol>
                    <li>沙滩裤</li>
                    <li>针织裤</li>
                    <li>休闲裤</li>
                    <li>牛仔裤</li>
                </ol>
            </div>
        </a><span class="NavLine"></span>
</li>
<li>
        <a href="#">鞋
            <div class="hover">
                <ol>
                    <li>运动潮鞋</li>
                    <li>复古跑鞋</li>
                    <li>帆布鞋</li>
                    <li>休闲鞋</li>
                </ol>
            </div>
        </a><span class="NavLine"></span>
</li>
<li>
        <a href="#">家居饰品
            <div class="hover">
                <ol>
                    <li>床品套件</li>
                    <li>被子</li>
                    <li>枕</li>
                    <li>家居鞋</li>
                    <li>背提包</li>
                    <li>拉杆箱</li>
                    <li>皮带钱包</li>
                    <li>帽子</li>
                </ol>
            </div>
```

```
            </a><span class="NavLine"></span>
        </li>
        <li>
            <a href="#">内衣袜业
                <div class="hover">
                    <ol>
                        <li>船袜</li>
                        <li>中筒袜</li>
                        <li>连裤袜</li>
                        <li>内衣袜</li>
                        <li>围巾披肩</li>
                        <li>童装</li>
                    </ol>
                </div>
            </a>
        </li>
    </ul>
</div>
```

接下来定义CSS。顶部注册登录部分通栏显示，因此宽度按照100%来设计，测量后高度设为32px，底部边框颜色设为#ccc，背景颜色设为#f7f7f7。完成参数设置，代码如下。显示的效果和效果图是否一致？

```
.headtoparea {width: 100%;height: 32px;border-bottom: 1px solid #ccc;color: #808080;background: #f7f7f7;}
```

预览后发现两者并不一致。因此下面不但要设置位置和字体样式，还要设置显示方式，代码如下。

```
.headerTopRight {float: right;position: relative;}
.headtop{width:1200px;height:31px;line-height:32px;margin:0 auto;_overflow:hidden;background: #f7f7f7;}
.active {width: 70px;height: 18px;line-height: 18px;margin: 7px 0px 0 0px;float: left;display: inline;
position: relative;z-index: 1000;cursor: pointer;color: #808080 !important;}
.mapDropTitle {background: url(../img/notice.png) no-repeat scroll 0px 0px;width:55px;padding-left: 26px;
text-align: left;background-position: 0px 0px;display: block;}
.payattention {float: right;}
.vweixinbox {position: relative;}
.vweixin {float: left;margin-left: 10px;display: inline;cursor: pointer;height: 21px;width: 20px;
margin-top: 4px;}
.vanclweibo {float: left;margin-top: 4px;background-position: -48px -23px;width: 20px;height: 25px;}
.headerTopLeft {min-width: 240px;_width: auto!important;_width: 280px;float: right;}
.recommendArea {margin: 0px 0 13px;float: left;display: inline;}

.loginArea {float: left;}
.track{color: #808080;}
```

上述代码将顶部注册登录部分分为topright和topleft两部分，都设置为向右浮动显示。

.active类中设置了元素的宽度和高度，以及行内显示。其中，有几个属性需要重点说明。z-index属性用于设置元素的堆叠顺序，默认值为 0。如果为正值，则优先级较高；如果为负值，则优先级较低。cursor属性用于设置鼠标形状，若取值为pointer，则在鼠标悬停时，光标呈现手的形状。颜色属性的后面添加了!important，这是为该属性设置了最高优先级。

.mapDropTitle类中将通知图标设置为背景，并使链接文本内容呈现块状，左侧有一个图标的空间，文本内容为"网站公告"并以灰色显示。

.vanclweibo类中，使用background-position:-48px -23px;来确定微博图标的位置。background-position属性用于确定图片相对于坐标原点的偏移量，分为x坐标轴和y坐标轴，原点位置是外层块元素的左上角，这个坐标原点不会改变。若x为正，则图片左上角向右平移；若x为负则图片左上角向左平移。若y为正，则图片左上角向下平移；若y为负则图片左上角向上平移。这里设置的是负值，则背景图片相对原点向左平移48px，向上平移23px。

至此，顶部注册登录部分完成，预览后显示的效果和效果图完全一致。

接下来对头部第二部分搜索栏进行样式设置，为了和效果图一致，CSS代码设置如下。

```
.vanclsearch {width: 1200px;height: 62px;margin: 20px auto 25px;}
.searcharea {width: 438px;padding-top: 8px;}
.searchTab {height: 29px;}
.searchText {width: 249px;height: 27px;padding: 0px 5px;line-height: 27px;
border: 1px solid #c9caca;}
.searchBtn {width: 49px;height: 29px;border: none;cursor: pointer;
background: url(../img/vanclsprite.png) no-repeat scroll -100px 0px;}
.gowuche {width: 105px;height: 27px;border: 1px solid #c1383e;
background: url(../img/vanclsprite.png) no-repeat scroll -154px 0px;z-index: 10;}
.gowuche a {color: #ffffff;display: block;padding-left: 29px;padding-top: 6px;}
.hotword {width: 440px;padding-top: 5px;line-height: 18px;color: #727171;padding-left: 15px;}
.hotword p a {padding-left: 5px;color: #727171;}
```

有了设置顶部注册登录部分的CSS样式的经验，再设置搜索栏的样式就非常简单了。设置搜索栏的样式涉及几个关键步骤：需要调整各个元素的布局，以符合设计图的整体结构；需要应用合适的背景图片，以提升视觉效果。特别需要注意的是，在使用CSS雪碧图(CSS Sprite)时，必须精确设置图片中小图标的background-position，以确保它们准确显示。通过这种精确控制，能够确保搜索栏的样式与设计图保持高度一致。

搜索栏部分设置完毕，预览后与效果图一致，接下来进行第三部分导航栏的设置。导航栏部分分为网站logo、一级菜单和二级菜单。为了易于区分并进行CSS设置，使用了两个列表元素，在ul列表下嵌套ol列表，代码如下。

```
.navlist {width: 1000px;height: 22px;margin: 30px auto;padding-left: 200px;z-index: 300;}
.vancllogo_Con {position: absolute !important;left: 0;bottom: 0;padding: 0px !important;
background: none;text-align: left;}
.vancllogo_Con a {display: block;width: 185px !important;height: 46px !important;
```

```
background: url(../img/logo.png) no-repeat scroll;}
.navlist ul li {float: left;width: 99px;line-height: 22px ;padding: 0px 0px 10px;text-align: center;
font-size: 16px;font-family: "Microsoft YaHei";position: relative;z-index: 220;}
.navlist ul li a {color: #727171;position: relative;display: block;width: 100%;height: 22px;}
.navlist ul li a div {display: none;position: absolute;top: 22px;cursor: default;background: white;padding:
5px;}
.navlist ul li a:hover div {display: block;border-top: 5px solid firebrick;cursor: pointer;}
.navlist ul li a:hover div ol li:hover{color: firebrick;}
.NavLine {display: block;height: 16px;width: 1px;border-right: solid 1px #888;position: absolute;right: 1px;
top: 5px;overflow: hidden;}
```

每次对一个部分进行设置时，首先会对这一部分的宽度和高度进行设置。为了方便后面的调试，可以为各部分添加边框，这样更容易区分各个部分，在整个网站设计完成后，把边框宽度设为 0 即可，不会影响整体的美观。

至此，网站的头部就完成了，预览一下效果，与效果图一模一样。接下来进行主体设置。

8.2.2 主体

主体部分可以分为轮播图、广告、每日秒杀、优客T恤、新品预售、优选推荐、夏装推荐、更多推荐和底部九部分。每部分的HTML代码或CSS样式都有很多相似的地方，因此有些代码就可以进行复用。

轮播图部分和广告部分的设置非常简单，HTML代码如下。

```
<div class="vanclimg">
    <img src="img/lunbo.jpg" />
</div>
<div class="getguanggao">
    <img src="img/lunbo_2.jpg" />
</div>
```

只需要设置它们的宽度、高度和位置即可，其CSS样式如下。

```
.content {width: 1200px;margin: auto;}
.vanclimg {width: 1200px;height: 535px;overflow: hidden;position: relative;z-index: 5;}
.vanclimg img {width: 100%;}
.getguanggao {margin: 20px 0;}
```

只需要四行代码就可以完成主体部分中轮播图和广告两个部分的CSS样式修饰，其中外边距的设置是重点。

通过观察，可以发现，每日秒杀部分、优客T恤部分和新品预售部分的布局方式大致是一致的，因此可以放到一起进行统一的布局。在DIV中，仍然使用ul列表来显示图片和对图片进行介绍的文本内容，HTML代码如下。

```html
<!-- 每日秒杀部分 -->
<div class="miaosha">
<img src="img/miaosha.jpg" />
<div class="miaosha_contoiner">
<ul>
<li>
<a href="#">
<img src="img/miaosha1.jpg" />
<p class="new-miaosha-productname">优客空调衫 镂空短袖套衫 女款宝石蓝色</p>
<p class="new-miaosha-oldprice">￥288</p>
<p class="pr"><spanclass="new-miaosha-saleprice">￥126</span>
<span class="new-miaosha-afterdeposit">充值后<em>63</em>元</span></p>
</a>
</li>
<li>
<a href="#">
<img src="img/miaosha2.jpg" />
<p class="new-miaosha-productname">优客衬衫 法兰绒 领尖扣 男款 灰色铅笔条</p>
<p class="new-miaosha-oldprice">￥298</p>
<p class="pr"><span class="new-miaosha-saleprice">￥158</span>
<span class="new-miaosha-afterdeposit">充值后<em>79</em>元</span></p>
</a>
</li>
<li>
<a href="#">
<img src="img/miaosha3.jpg" />
<p class="new-miaosha-productname">优客内裤 莫代尔 男款 浅灰色</p>
<p class="new-miaosha-oldprice">￥78</p>
<p class="pr"><span class="new-miaosha-saleprice">￥58</span>
  <span class="new-miaosha-afterdeposit">充值后<em>29</em>元</span></p>
</a>
</li>
<li>
<a href="#">
<img src="img/miaosha4.jpg" />
<p class="new-miaosha-productname">优客家居鞋 全包华夫格防滑款 浅蓝 </p>
<p class="new-miaosha-oldprice">￥68</p>
<p class="pr"><span class="new-miaosha-saleprice"￥58</span> <span class=
   "new-miaosha-afterdeposit">
充值后<em>29</em>元</span></p>
</a>
</li>
<li>
<a href="#">
<img src="img/miaosha5.jpg" />
<p class="new-miaosha-productname">优客帆布鞋 男款 纯白色 </p>
<p class="new-miaosha-oldprice">￥298</p>
<p class="pr"><spanclass="new-miaosha-saleprice"￥218</span> <span class=
```

```html
            "new-miaosha-afterdeposit">
            充值后<em>109</em>元</span></p>
        </a>
    </li>
</ul>
</div>
<!--优客T恤部分-->
<img src="img/vancl_T.jpg" />
<div class="miaosha_container w4">
<ul>
    <li>
        <a href="#">
            <img src="img/vancl_T1.jpg" />
        </a>
    </li>
    <li>
        <a href="#">
            <img src="img/vancl_T2.jpg" />
            <div>
            </div>
        </a>
    </li>
    <li>
        <a href="#">
            <img src="img/vancl_T3.jpg" />
        </a>
    </li>
    <li>
        <a href="#">
            <img src="img/vancl_T4.jpg" />
        </a>
    </li>
</ul>
</div>
<!--新品预售部分-->
<img src="img/xpt.jpg" />
<div class="miaosha_contoiner w4">
<ul>
    <li>
        <a href="#">
            <img src="img/xpt1.jpg" />
        </a>
    </li>
    <li>
        <a href="#">
            <img src="img/xpt2.jpg" />
            <div>
            </div>
```

```
</a>
</li>
<li>
<a href="#">
<img src="img/xpt3.jpg" />
</a>
</li>
<li>
<a href="#">
<img src="img/xpt4.jpg" />
</a>
</li>
</ul>
</div>
```

接下来，需要把列表横向排列，并设置相应的边距和新旧价格的样式。原来的价格文本需要设置为 line-through 样式，目前的价格文本需要设置为红色，充值后的价格文本需要加粗并加大字号。如果各部分有相同的地方就可以给相同的地方设置相同的类名，从而在设置样式时统一使用此类名。每日秒杀部分、优客 T 恤部分、新品预售部分有相同的地方，因此可以进行统一管理，统一设置，其 CSS 代码如下。

```
/*每日秒杀、优客T恤、新品预售三部分*/
.miaosha {width: 100%;margin: 0 auto;}
.miaosha_container {width: 1200px;color: #474747;font-weight: bold;margin: 0 auto;font-family: "Microsoft YaHei";}
.miaosha_container ul {overflow: hidden;margin: 10px 0 0 0;padding: 0;width: 1210px;}
.miaosha_container ul li {float: left;width: 232px;margin-right: 10px;}
.miaosha_container ul li img {width: 100%;}
.new-miaosha-productname {font-size: 16px;margin-top: 10px;height: 45px;font-weight: normal;}
.new-miaosha-oldprice {display: block;color: #d3d3d3;font-size: 14px;
text-decoration: line-through;font-weight: normal;}
.new-miaosha-saleprice {display: block;color: #bb2b34;font-size: 16px;}
.new-miaosha-afterdeposit {position: absolute;right: 10px;bottom: 0;font-size: 16px;font-weight: normal;}
.new-miaosha-afterdeposit em {font-size: 24px;font-style: normal;color: #bb2b34;font-weight: bolder;}
.w4 ul li {width: calc(100% / 4 - 10px) !important;}
.wt ul,.w4 ul {width: 100%;}
.wt ul li {width: calc(100% / 3 - 10px) !important;}
```

预览效果，发现li下面所有的图片和文本介绍都横向排列，我们也可以通过表格进行布局，但是在DIV下使用无序列表或有序列表会更加美观，更容易统一进行管理和操作。其中，width属性的值设为了calc(100% / 4-10px)，通过计算的方式均分每个li块的宽度。这种计算方式不仅准确无误，而且可以动态地适应各种大小的窗口。

比较复杂的就是优选推荐部分。此部分的图片大小不一，占整个页面的面积也不同，如果使用表格进行设置，则不够灵活。在布局方面，使用DIV会更加灵活多变并易于控制，HTML代码如下。

```
<!--优选推荐-->
<p class="tc">优选推荐</p>
<div class="container_w3">
<div class="w3left"><img src="img/youxuan1.jpg">
<p class="pr br1">
<span class="leftw3 pa">吉国武衬衫</span>
<span class="rightw3 pa">充值购买更优惠</span>
</p>
</div>
<div>
<div class="w3center">
<div>
<img src="img/youxuan2.jpg" />
<p class="pr br1">
<span class="leftw3 pa">新品到货</span>
<span class="rightw3 pa">充值购买更优惠</span>
</p>
</div>
<div style="margin-top: 20px;">
<img src="img/youxuan3.jpg" />
<p class="pr br1">
<span class="leftw3 pa">POLO</span>
<span class="rightw3 pa">充值购买更优惠</span>
</p>
</div>
</div>
</div>
<div class="w3right">
<img src="img/youxuan4.jpg" />
<p class="pr br1">
<span class="leftw3 pa">运动户外</span>
<span class="rightw3 pa">充值购买更优惠</span>
</p>
</div>
</div>
<div class="container_w3">
<div class="w3left"><img src="img/youxuan5.jpg">
<p class="pr br1">
<span class="leftw3 pa">夏日休闲短袖衬衫</span>
<span class="rightw3 pa">充值购买更优惠</span>
</p>
</div>
<div>
```

```
<div class="w3center">
<div>
<img src="img/youxuan6.jpg" />
<p class="pr br1">
<span class="leftw3 pa">纳米防污 T 袖</span>
<span class="rightw3 pa">充值后相当于 199 元</span>
</p>
</div>
<div style="margin-top: 20px;">
<img src="img/youxuan7.jpg" />
<p class="pr br1">
<span class="leftw3 pa">潮鞋来袭</span>
<span class="rightw3 pa">充值购买更优惠</span>
</p>
</div>
</div>
</div>
<div class="w3right">
<img src="img/youxuan8.jpg" />
<p class="pr br1">
<span class="leftw3 pa">沙滩裤</span>
<span class="rightw3 pa">2 件 8 折　3 件 7 折</span>
</p>
</div>
</div>
```

预览时发现文本存在叠加且图片排列混乱，相比于效果图有很大的差别，这是因为没有对其进行样式设置。接下来对其进行CSS样式设置，代码如下。

```
/*优选推荐*/
.tc {text-align: center;color: #9A9A9A;font-size: 16px;margin: 20px 0;}
.container_w3 {width: 100%;}
.w3left {float: left;width: 580px;}
.w3left img {width: 100%;}
.br1 {top: -4px;border-left: 1px solid rgba(0, 0, 0, 0.1);border-right: 1px solid rgba(0, 0, 0, 0.1);
border-bottom: 1px solid rgba(0, 0, 0, 0.1);padding: 28px 0;}
.leftw3 {top: 20px;left: 10px;}
.rightw3 {top: 20px;right: 10px;color: #D90009;font-weight: 700;}
.w3center {margin: 0 20px;width: 290px;float: left;}
.w3right {width: 286px;float: left;}
```

预览后发现和效果图一致，由此可以看出使用DIV进行布局非常方便。在上述代码中，rgba(0,0,0,0.1)是用来调色的，前三个值代表红、绿、蓝，取值为 0～255 的整数或 0%～100% 的百分比数，第四个值是透明度，取值为 0.0～1.0，0.5 为半透明，0.0 是完全透明，1.0 是不透明。

夏装推荐部分和更多推荐部分与前面每日秒杀部分的布局方式是一样的，HTML代码如下。

```html
<!--夏装推荐-->
<p class="tc">夏装推荐</p>
<div class="miaosha_container w4">
<ul>
<li>
<a href="#">
<img src="img/xiazuang1.jpg" />
<p class="pr br1">
<span class="leftw3 pa">休闲裤</span>
<span class="rightw3 pa">充值购买相当于 79 元起</span>
</p>
</a>
</li>
<li>
<a href="#">
<img src="img/xiazhuang2.jpg" />
<p class="pr br1">
<span class="leftw3 pa">牛仔裤</span>
<span class="rightw3 pa">充值购买相当于 79 元起</span>
</p>
<div>
</div>
</a>
</li>
<li>
<a href="#">
<img src="img/xiazhuang3.jpg" />
<p class="pr br1">
<span class="leftw3 pa">针织裤</span>
<span class="rightw3 pa">充值购买相当于 49 元起</span>
</p>
</a>
</li>
<li>
<a href="#">
<img src="img/xiazhuang4.jpg" />
<p class="pr br1">
<span class="leftw3 pa">女裤</span>
<span class="rightw3 pa">充值购买相当于 79 元起</span>
</p>
</a>
</li>
</ul>
</div>
```

```
<div class="clear"></div>
<!--更多推荐-->
<p class="tc">更多推荐</p>
<div class="miaosha_container wt">
<ul>
<li>
<a href="#">
<img src="img/jingpin1.jpg" />
</a>
</li>
<li>
<a href="#">
<img src="img/jingpin3.jpg" />
<div>
</div>
</a>
</li>
<li>
<a href="#">
<img src="img/jingpin5.jpg" />
</a>
</li>
<li>
<a href="#">
<img src="img/jingpin2.jpg" />
</a>
</li>
<li>
<a href="#">
<img src="img/jingpin4.jpg" />
</a>
</li>
<li>
<a href="#">
<img src="img/jingpin6.jpg" />
</a>
</li>
</ul>
</div>
```

预览后发现和效果图是一致的,其布局方式和每日秒杀部分的布局方式是一致的,因此可以使用相同的类名,无须重复设置。

主体部分中的底部区域主要包含 4 部分内容,分别为在线客服、7 天内退货、扫描下载,以及下面的导航内容。仍然使用DIV下的ul列表进行布局,HTML代码如下。

```
<!--底部-->
<div class="vanclFoot" style="margin-top:0px;">
```

```html
<div class="vanclCustomer publicfooterclear">
<ul>
<li>
<a href="#">
<p class="onlineCustomer"><img src="img/online.png" style="width:auto;height:auto;"></p>
<p class="onlineTime"> 7×9 小时在线客服</p>
</a>
</li>
<li>
<a href="#">
<p class="seven"><img src="img/online2.png" style="width:auto;height:auto;"></p>
<p> 7 天内退货</p>
<p> 购物满 199 元免运费</p>
</a>
</li>
<li class="twocode">
<p><img src="img/online_Client.jpg" style="width: 104px; height: 104px;"></p>
<p> 扫描下载<em style="color: firebrick;font: bolder;">优客</em>客户端</p>
</li>
</ul>
</div>
<div class="vanclOthers publicfooterclear">
<ul>
<li>
<a href="#" target="_blank">关于优客</a>
</li>
<li>
<a href="#" target="_blank">新手指南</a>
</li>
<li>
<a href="#" target="_blank">配送范围及时间</a>
</li>
<li>
<a href="#" target="_blank">支付方式</a>
</li>
<li>
<a href="#" target="_blank">售后服务</a>
</li>
<li class="none">
<a href="#" target="_blank">帮助中心</a>
</li>
</ul>
</div>
</div>
```

接下来对这部分进行CSS样式设置，代码如下。

```css
/*底部*/
.vanclFoot {overflow: hidden;width: 1118px;height: 282px;margin: 0px auto;padding: 0px 40px 0px;border: 1px solid #e0e0e1;font-family: "Microsoft YaHei";margin-bottom: 25px;}
.vanclCustomer {margin: 33px 0px 23px;overflow: hidden;}
.vanclCustomer ul li {width: 370px;height: 138px;border-right: 1px solid #e0e0e1;margin-right: 0px;float: left;}
.twocode,.none {border: none   !important;}
.vanclCustomer ul li p {text-align: center;font-size: 14px;color: #727171;line-height: 26px;}
.vanclOthers {height: 26px;padding: 17px 0px 14px;background: #f8f8f8;width: 100%;margin: 0;}
.vanclOthers ul li {padding: 0px 65px;line-height: 26px;border-right: 1px solid #dadadb;width: auto;text-align: center;margin-right: 0px;float: left;}
```

预览整个主体部分，发现和效果图是完全一致的。至此，主体部分设置完成，下面进行底部的开发。

8.2.3 底部及快捷操作部分

底部包含两块内容，一部分是版权信息，另一部分是网站的安全保障logo。同样可以使用两个DIV分别包含这两块内容，HTML代码如下。

```html
<!--底部 footer-->
<div class="footerArea">
<div class="footBottom">
<div class="footBottomTab">
<p> Copyright 2007 - 2018 youcl.com All Rights Reserved  粤 ICP 证 101535 号  粤公网安备 11011502002400 号  出版物经营许可证新出发粤批字第直 110478 号</p>
<p>  优客(深圳)科技有限公司</p>
</div>
</div><span class="blank20"></span>
<div class="subFooter">
<a rel="nofollow" href="#" class="redLogo" target="_blank"></a><span class="customeOrg"></span>
<a rel="nofollow" href="#" class="wsjyBzzx" target="_blank"></a>
<a rel="nofollow" href="#" class="vanclMsg" target="_blank"></a>
<a class="vanclqingNian" href="#" rel="nofollow"></a>
<a href="#" style="display: inline-block;" target="_blank"><img style="width: 120px; height: 39px;" src="img/footer6.jpg"></a>
<div class="blank0"></div>
</div>
</div>
```

下面设置其 CSS 样式，文本内容居中显示，安全保障 logo 横向排列居中显示，代码如下。

```css
/*第三大部分 底部 footer*/
.footBottom {width: 100%;height: auto;margin: 0px auto;border-top: 1px solid #3e3a39;}
```

```
.footBottomTab {width: 1200px;height: auto;margin: 10px auto;}
.footBottomTab p {text-align: center;line-height: 25px;color: #3e3a39;font-family: "Microsoft YaHei";}
.blank20 {display: block;width: 100%;height: 20px;line-height: 0px;font-size: 0px;clear: both;overflow: hidden;}
.subFooter {width: 980px;margin: 0px auto 25px;text-align: center;}
.redLogo {background: url(../img/footer1.png) no-repeat 0 0 transparent;background-size: 100% 100%;display: inline-block;height: 42px;width: 113px;}
.subFooter a,.subFooter span {margin: 0 10px;}
.wsjyBzzx {background: url(../img/footer2.png) no-repeat 0 0 transparent;background-size: 100% 100%;display: inline-block;height: 42px;width: 96px;}
.vanclMsg {background: url(../img/footer3.png) no-repeat 0 0 transparent;background-size: 100% 100%;display: inline-block;height: 42px;width: 101px;}
.vanclqingNian {background: url(../img/footer4.png) no-repeat 0 0 transparent;background-size: 100% 100%;display: inline-block;height: 42px;width: 101px;}
.blank0 {display: block;width: 100%;height: 0px;line-height: 0px;font-size: 0px;clear: both;overflow: hidden;}
```

上述代码中，transparent 用来指定背景图片的透明度。通常情况下，背景图片的默认透明度就是透明的，因此设置 transparent 本质上并没有改变透明度，但是可以在以后使用 js 时起到屏蔽作用。

最后，还需要设置网站的快捷操作部分，HTML 代码如下。

```
<div class="BayWindow" style="position: fixed; right: 10px; bottom: 20px; z-index:10">
<img src="img/fixed.png" />
</div>
```

此代码比较简单，直接使用CSS行内样式，通过固定定位把图片定位到距离底部20px、右端10px处。无论页面如何滚动，快捷操作图标都不会改变。至此整个优客商城商业网站就制作完成了。

上机目标

使用 CSS+DIV 实现网页布局。

上机练习

实现如图 8-4 所示的网页布局。

【问题描述】

需要实现的网页布局如图 8-4 所示。

图 8-4 网页布局

【问题分析】

该网页有左右边距且所有内容水平居中显示,宽度为 1200px。整个页面明显分为上、下两部分,其中下部分又分为左右两部分,当鼠标指针悬停在左侧菜单的文字上时,文字颜色为白色,背景颜色变为#464545。可以先设置布局,再调整细节。

【参考步骤】

(1) 新建一个 HTML 网页,代码如下所示。

```
<!DOCTYPE html>
<html>
    <head>
        <meta charset="UTF-8" />
        <meta name="viewport" content="width=device-width, initial-scale=1">
        <title>中国国家博物馆官方网站</title>
        <link rel="stylesheet" href="./img/index.css">
    </head>
    <body>
        <div class="head">
            <img src="./img/header-logo.png" alt="">
            <ul>
                <li>
                    <a href="">首页</a>
                    <a href="" class="active">征集</a>
```

```html
                    <a href="">保管</a>
                    <a href="">研究</a>
                    <a href="">文创</a>
                    <a href="">服务</a>
                    <a href="">学习</a>
                    <a href="">视频</a>
                </li>
            </ul>
        </div>
        <div class="content">
            <div class="left">
                <ul>
                    <li>
                        <a href="">征集</a>
                    </li>
                    <li>
                        <a href="">
                            征集公告
                            <img src="./img/right-row.png" alt="">
                        </a>
                    </li>
                    <li>
                        <a href="">
                            藏品征集项目
                            <img src="./img/right-row.png" alt="">
                        </a>
                    </li>
                    <li>
                        <a href="">
                            国史文物抢救工程
                            <img src="./img/right-row.png" alt="">
                        </a>
                    </li>
                    <li>
                        <a href="">
                            我要捐赠
                            <img src="./img/right-row.png" alt="">
                        </a>
                    </li>
                    <li>
                        <a href="">
                            征集动态
                            <img src="./img/right-row.png" alt="">
                        </a>
                    </li>
                    <li>
                        <a href="">
```

```html
                        感恩捐赠
                        <img src="./img/right-row.png" alt="">
                    </a>
                </li>
                <li>
                    <a href="">
                        铭记
                        <img src="./img/right-row.png" alt="">
                    </a>
                </li>
            </ul>
        </div>
        <div class="right">
            <h2>中国国家博物馆关于征集文物藏品的公告</h2>
            <p>
                        文物承载灿烂文明，传承历史文化，维系民族精神，是加强社会主义精神文明建设的深厚滋养，国家博物馆是代表国家收藏、研究、展示、阐释能够充分反映中华优秀传统文化、革命文化和社会主义先进文化代表性物证的最高机构。为进一步充实馆藏，丰富藏品类型形态，珍藏民族集体记忆，传承国家文化基因，为举办重大陈列展览奠定坚实文物基础，促进中外文明交流互鉴，经研究，中国国家博物馆决定面向全社会公开征集藏品，特此公告如下：
            </p>
            <p>
                <strong>一、征集范围</strong>
            </p>
            <p>(一)古代文物藏品</p>
            <p>1、反映中国古代政治、经济、军事、文化、科技、生态环境变迁和重大事件的重要物证。</p>
            <p>2、重要历史人物，包括政治家、军事家、思想家、科学家、文化名人、宗教人物等重要文物及作品。</p>
            <p>3、古代各个历史时期的珍贵艺术品。</p>
            <p>4、反映古代社会经济变革和科技发展的重要物证。</p>
            <p>5、反映古代中外文化交流的珍贵物证。</p>
            <p>(二)近现当代文物藏品</p>
            <p>1、反映中国近现当代影响社会经济发展进程的重大事件、重要会议、重要人物的物证。</p>
            <p>2、反映中国近现当代政治、经济、社会、文化、生态文明以及军事、科技、教育、卫生、体育、宗教等方面发展的重要物证。</p>
            <p>3、反映中国近现当代各民族地区的社会发展、生活习俗、文化艺术和宗教信仰等方面的重要物证。</p>
            <p>4、反映祖国大陆与港、澳、台关系及海外侨胞创业发展的重要物证。</p>
            <p>5、反映中国对外交流、中外民间友好往来的重要物证。</p>
            <p>(三)域外文物藏品</p>
            <p>1、流失海外的中国文物。</p>
            <p>2、反映世界各地区古代文明发展的重要物证。</p>
            <p>3、反映近代工业文明兴起、发展、演进的重要物证。</p>
            <p>4、反映不同类型、不同层次国际组织发展演变的重要物证。</p>
            <p>5、反映世界不同文明交流互鉴、共同发展的重要物证。</p>
```

```
            <p>
                <strong>二、征集类别</strong>
            </p>
            <p>(一)古代文物:铜器、铁器、玉器、金银器、陶瓷器、石器、骨角牙器、皮革、漆器以及书画、古籍、拓片、家具、玺印、简牍、纺织品等。</p>
            <p>(二)近现当代文物:珍稀地图、报刊、书籍等正式出版物类;内部文件、设计图纸、通知文书、信函、手稿、科研笔记、传单等档案资料;照片、胶片、副本、录像带、录音带、光盘等音像制品类;珍稀货币、邮票类;重要代表证、出席证、证件、证书、印信、勋章、徽章、奖状、喜报、奖章、图章等证章类;国旗、军旗、奖旗、舰旗、队旗、锦旗、贺幛等旗帜类;首台套的科研仪器设备、工农业生产设备、工程机械装备、航天航空设备、交通运输装备、工业产品、通信器材、医疗器材、医药制品以及器具等;具有重要纪念意义的服装服饰类;珍稀兵器、弹药、军衔等具有纪念意义的军事用品;照会、界碑、国际礼品等外交见证类;绘画、书法、雕塑、工艺品等美术作品;具有重要价值的化石、标本以及家具等人工制品,等等。
            </p>
            <p>(三)域外文物:流失海外的上述古代及近现代中国文物;反映世界文明发展进程的珍稀地图、报刊、书籍等正式出版物;重要设计图纸、政府文书、档案资料以及信函、手稿、科研笔记、传单、资料汇编等非正式出版物;相册、照片、胶片、副本、录像带、录音带、音视频等音像制品;稀见钱币类;重要代表证、出席证、证件、证书、旗帜、印信、勋章、徽章、奖章、图章等各种证章;具有重要历史价值的科研仪器设备、工农业生产设备、工程机械装备、航天航空设备、交通运输装备、工业产品、通信器材、医疗器材、器具等;具有重要纪念意义的服装服饰品;绘画、书法、雕塑、工艺品等美术作品;具有重要价值的化石、标本以及家具等人工制品,等等。
            </p>
            <p>(四)非正式出版物</p>
            <p>政府机构和企事业单位文件汇编、资料汇编、领导讲话、规章制度、规划方案、科研报告等;全国和国际性会议的讨论稿、论文集等;著名人士的著述、史料、家谱、族谱等;重大事件亲历者的回忆录、书信、笔记、日记等。
            </p>
        </div>
    </div>
</body>
</html>
```

(2) 新建一个index.css样式文件,样式代码如下所示。

```
* {
    padding: 0;
    margin: 0;
}

ul {
    list-style: none;
}

a {
    text-decoration: none;
}

body {
```

```css
    background-color: #5b2528;
}

.head {
    background: #9f0810 url("./img/menu-bg.png") repeat-x left center;
    height: 144px;
    padding: 0 150px;
    display: flex;
    align-items: center;
}

.head ul {
    list-style: none;
    margin-left: 55px;
}

.head ul li a {
    color: white;
    text-decoration: none;
    width: 90px;
    display: inline-block;
    text-align: center;
    font-size: 25px;
    padding-bottom: 5px;
}

.head ul li a:hover,
.head ul li a.active {
    border-bottom: 5px solid white;
}

.content {
    margin: 0 150px;
    padding: 30px 50px;
    display: flex;
    min-height: 600px;
    background-color: white;
}

.content .left ul li {
    width: 236px;
    height: 55px;
    line-height: 55px;
    background-color: #666666;
    padding-left: 30px;
    box-sizing: border-box;
}
```

```css
.content .left ul li:first-child a {
    color: white;
    font-size: 20px;
}

.content .left ul li a {
    color: #cacaca;
}

.content .left ul li:first-child {
    background: url("./img/li-bg.png");
    background-position: 0px 0px;
    background-repeat: no-repeat;
}

.content .left ul li:not(:first-child) a {
    display: flex;
    align-items: center;
    justify-content: space-between;
    padding-right: 20px;
}

.content .left ul li:not(:first-child):hover {
    background-color: #464545;
}

.content .left ul li:not(:first-child):hover a {
    color: white;
}

.content .right {
    flex: 1;
    margin-left: 40px;
    color: #595757;
}

.content .right h2 {
    font-weight: normal;
    text-align: center;
    margin: 20px 0 45px;
    font-size: 30px;
    color: #3e3a39;
}

.content .right p {
    text-indent: 2em;
```

```
    font-size: 16px;
    line-height: 30px;
}
```

注意:
严格按照编码规范进行编码,注意缩进位置和代码大小写,符号为英文符号。

单元自测

1. 单个网页的整体布局一般通过(　　)来实现。
   A. table　　　　　　　　　　B. table+元素属性
   C. CSS　　　　　　　　　　　D. CSS+DIV

2. (　　)可以使设置了浮动的元素不脱离整个框架。
   A. clear:left　　　　　　　　B. clear:right
   C. clear:both　　　　　　　　D. clear:auto

3. 下列选项中,(　　)正确地描述了在网站开发过程中使用 DIV 和 CSS 进行页面布局的流程。
   A. 先创建所有 HTML 元素,然后为每个元素添加内联样式
   B. 先编写完整的 HTML 结构,然后设计 CSS 样式并应用到 DIV 上,最后进行样式优化
   C. 先定义所有的 CSS 样式,然后编写 HTML 结构
   D. 直接在 HTML 中使用 DIV 和行内样式进行页面布局,无须使用外部 CSS 文件

单元小结

- 介绍了对网站进行页面结构分析和整体框架搭建的方法。
- 通过实例演示了网站开发的完整流程。

完成工单

PJ08 完成广西文旅网站的制作与整合
结合所学知识,完成广西文旅网站的制作与整合。

PJ08 任务目标
- 掌握网站开发的具体流程。
- 正确使用 DIV 和样式表进行布局。

- 完成网站各个模块的制作与整合。

PJ0801 掌握网站开发的具体流程
【任务描述】

根据提供的网站效果图,对网站的页面结构进行分析,将其划分为几个合理的版块,并搭建网页的整体框架。

【任务分析】

(1) 分析提供的效果图,正确划分页面版块。

(2) 搭建网页的整体框架。

【参考步骤】

(1) 分析广西文旅网站的效果图,进行网页版块的划分。

logo 部分 class="header"	logo
导航栏 class="nav"	导航
中间内容 class="content" 　　　　名优特产 class="product" 　　　　名胜古迹 class="places" 　　　　文学艺术 class="art" 　　　　传统工艺 class="traditional-craft"	内容
底部 class="footer"	底部

(2) 搭建网页的整体框架,新建一个 index.html 页面,写入如下代码。

```
<div class="header">logo</div>
    <div class="nav">导航栏</div>
    <div class="content">
        <div class="product">名优特产</div>
        <div class="places">名胜古迹</div>
        <div class="art">文学艺术</div>
        <div class="traditional-craft">传统工艺</div>
    </div>
    <footer>底部</footer>
```

PJ0802 正确使用 DIV 和样式表进行页面布局
【任务描述】

对搭建的框架进行内容填充,利用 HTML 和 CSS 制作一个完整的网站。

【任务分析】

(1) 填充网站的 logo 部分的内容。

(2) 填充网站的导航栏部分的内容。

(3) 填充网站的名优特产部分的内容。

(4) 填充网站的名胜古迹部分的内容。

(5) 填充网站的文学艺术部分的内容。

(6) 填充网站的传统工艺部分的内容。

(7) 填充网站的 footer 底部的内容。

【参考步骤】

(1) 在上方整体框架 index.html 页面的基础上，补充各部分的内容，代码如下。

```html
<!DOCTYPE html>
<html lang="zh">
    <head>
        <meta charset="UTF-8">
        <meta http-equiv="X-UA-Compatible" content="IE=edge">
        <meta name="viewport" content="width=device-width, initial-scale=1.0">
        <title>Document</title>
    </head>
    <body>
        <div class="header">
            <img src="./img/logo11.png" alt="">
        </div>
        <div class="nav">
            <a href="">首页</a>
            <a href="#product">名优特产</a>
            <a href="#places">名胜古迹</a>
            <a href="#art">文学艺术</a>
            <a href="#traditional-craft">传统工艺</a>
            <a class="login" href="login.html">登录</a>
            <a class="register" href="register.html">注册</a>
        </div>
        <div class="content">
            <div class="section product" id="product">
                <h2>名优特产</h2>
                <div class="list">
                    <div class="list-item">
                        <img src="img/cha.jpg" alt="">
                        <p>桂平西山茶</p>
                    </div>
                    <div class="list-item">
                        <img src="img/jinju.jpg" alt="">
                        <p>融安金桔</p>
                    </div>
                    <div class="list-item">
                        <img src="img/luoshi.jpg" alt="">
                        <p>柳州螺蛳粉</p>
                    </div>
                    <div class="list-item">
                        <img src="img/mangguo.jpg" alt="">
                        <p>百色芒果</p>
```

```html
            </div>
            <div class="list-item">
                <img src="img/liubao.jpg" alt="">
                <p>六堡茶</p>
            </div>
            <div class="list-item">
                <img src="img/youzi.jpg" alt="">
                <p>容县沙田柚</p>
            </div>
            <div class="list-item">
                <img src="img/sangchan.jpg" alt="">
                <p>宜州桑蚕茧</p>
            </div>
            <div class="list-item">
                <img src="img/shneghao.jpg" alt="">
                <p>北海生蚝</p>
            </div>
            <div class="list-item">
                <img src="img/zhuti.jpg" alt="">
                <p>巴马香猪</p>
            </div>
            <!-- 巴马香猪 -->
        </div>
</div>
<div class="section places" id="places">
        <h2>名胜古迹</h2>
        <div class="list">
            <div class="list-item">
                <span class="tip">5A</span>
                <img src="./img/lijiang.jpg" alt="">
                <p>桂林漓江</p>
                <a href="">桂林山水甲天下的山水风光 </a>
            </div>
            <div class="list-item">
                <span class="tip">5A</span>
                <img src="./img/liusanjie.jpg" alt="">
                <p>印象刘三姐</p>
                <a href="">全新概念的山水实景演出 </a>
            </div>
            <div class="list-item">
                <span class="tip" style="background-color: #ff8600;">4A</span>
                <img src="./img/titian.png" alt="">
                <p>龙脊梯田</p>
                <a href="">线条如行云流水层叠壮美 </a>
            </div>
            <div class="list-item">
                <span class="tip" style="background-color: #ff8600;">4A</span>
```

```html
                    <img src="./img/yintan.jpg" alt="">
                    <p>北海银滩</p>
                    <a href="">沙质洁白的海滩，天下第一滩 </a>
                </div>
                <div class="list-item">
                    <span class="tip">5A</span>
                    <img src="./img/dao.jpg" alt="">
                    <p>涠洲岛</p>
                    <a href="">中国最年轻的火山岛之一</a>
                </div>
                <div class="list-item">
                    <span class="tip" style="background-color: #ff8600;">4A</span>
                    <img src="./img/dao.jpg" alt="">
                    <p>明仕田园</p>
                    <a href="">《花千骨》取景地</a>
                </div>
            </div>
        </div>
        <div class="section art" id="art">
            <div class="title">
                <p>文学艺术</p>
                <p>更多>></p>
            </div>
            <div class="news-list">
                <div class="left">
                    <ul class="tw-news">
                        <li>
                            <a href="">
                                <img src="https://www.gxwenlian.com/storage/mocms/20230627/24644dc56c74d9f762d2580e180049b5.jpg"
                                    alt="">
                            </a>
                            <p>龙州壮族山歌精彩亮相"中国花儿大会"民歌展演</p>
                        </li>
                        <li>
                            <a href="">
                                <img src="https://www.gxwenlian.com/storage/mocms/20230531/22dd9b90f19a7d5e687b22dcaa43dcaf.png"
                                    alt="">
                            </a>
                            <p>龙州壮族山歌精彩亮相"中国花儿大会"民歌展演</p>
                        </li>
                    </ul>
                    <ul class="list">
                        <li>
                            <p>学条例、解民忧、办实事《信访工作条例》实施一周年山歌
```

赛在武鸣举行</p>
                                        <span>2023-05-31</span>
                                    </li>
                                    <li>
                                        <p>广西 7 件民间工艺佳作参评中国民间文艺山花奖</p>
                                        <span>2023-05-31</span>
                                    </li>
                                    <li>
                                        <p>共享共美共进——桂黔滇湘山歌擂台赛、中国南部六省区民歌会在广西忻城圆满举行</p>
                                        <span>2023-05-24</span>
                                    </li>
                                    <li>
                                        <p>乐业县 2023 年高山汉族山歌大赛(桂黔湘滇四省区邀请赛)圆满落幕</p>
                                        <span>2023-05-09</span>
                                    </li>
                                    <li>
                                        <p>唱着情歌去大理！广西民歌唱响中国民歌展·大理情歌汇</p>
                                        <span>2023-05-09</span>
                                    </li>
                                    <li>
                                        <p>《中国民间文学大系•歌谣•侗族分卷》审稿会在三江召开</p>
                                        <span>2023-05-06</span>
                                    </li>
                                </ul>
                            </div>
                            <div class="right">
                                <ul class="list">
                                    <li>
                                        <p>"健康中国我行动 团结奋进心向党——2023"八桂民俗盛典·刘三姐小传人"展评活动获奖名单公示</p>
                                        <span>2023-08-01</span>
                                    </li>
                                    <li>
                                        <p>2023 桂黔滇湘山歌擂台赛暨中国南部六省区民歌会活动获奖名单公示</p>
                                        <span>2023-05-21</span>
                                    </li>
                                    <li>
                                        <p>广西土司文化旅游活动周系列活动——桂黔滇湘山歌擂台赛、中国南部六省区民歌会活动启事</p>
                                        <span>2023-05-06</span>
                                    </li>
                                    <li>
                                        <p>2023"八桂民俗盛典·刘三姐小传人"展评活动征稿启事</p>

```html
                                <span>2023-05-04</span>
                            </li>
                            <li>
                                <p>"壮族三月三·八桂嘉年华"—乐业县2023年高山汉族山歌大赛(桂黔滇湘四省邀请赛)获奖名单公示</p>
                                <span>2023-05-03</span>
                            </li>
                            <li>
                                <p>广西民间文艺家协会关于组织参加"第十六届中国民间文艺山花奖·优秀民间工艺美术作品"初评活动的通知</p>
                                <span>2023-04-26</span>
                            </li>
                            <li>
                                <p>2023年全区第九届壮欢山歌擂台赛暨"八桂民俗盛典·壮族三月三"民谣歌会获奖名单公示</p>
                                <span>2023-04-17</span>
                            </li>
                            <li>
                                <p>关于招募中国民间文化进校园志愿服务讲师的通知</p>
                                <span>2023-04-11</span>
                            </li>
                            <li>
                                <p>2023年广西民间文艺家协会第一批新会员公示</p>
                                <span>2023-04-03</span>
                            </li>
                            <li>
                                <p>关于举办第十六届中国民间文艺山花奖·优秀民间文学作品评奖活动的通知</p>
                                <span>2023-03-28</span>
                            </li>
                            <li>
                                <p>关于举办第十六届中国民间文艺山花奖·优秀民间文艺学术著作评奖活动的通知</p>
                                <span>2023-02-15</span>
                            </li>
                            <li>
                                <p>2023年"我们的节日·春节""文化进万家 玉兔迎新春"广西民间文艺原创作品网络展征集启事</p>
                                <span>2023-01-21</span>
                            </li>
                        </ul>
                    </div>
                </div>
            </div>
            <div class="traditional-craft" id="traditional-craft">
                <h3>传统工艺</h3>
                <div class="list">
```

```html
            <div class="item">
                <img src="./img/gongyi1.jpg" alt="">
                <div class="contInfo">
                    <p class="title">壮族织锦技艺</p>
                    <p class="content">
                        壮锦作为工艺美术织品,是壮族的优秀文化遗产之一,它不仅可以为中国少数民族纺织技艺的研究提供生动的实物材料,还可以为中国乃至世界的纺织史增添活态的例证,对继承和弘扬民族文化,增强民族自尊心起到积极的作用。壮族织锦技艺是广西壮族自治区靖西县地方传统手工技艺,2006 年 5 月 20 日,壮族织锦技艺经国务院批准列入第一批国家级非物质文化遗产名录。
                    </p>
                    <p class="tip"><span>查看详情  >></span></p>
                </div>
            </div>
            <div class="item">
                <img src="./img/gongyi5.jpeg" alt="">
                <div class="contInfo">
                    <p class="title">坭兴陶烧制技艺</p>
                    <p class="content">
                        钦州坭兴陶的"窑变"艺术采用还原气氛进行一系列特殊工艺的处理,艺术品位极高,故有"中国一绝"之称。钦州特有的陶土,无须添加任何陶瓷颜料,在烧制过程中偶有发现其部分胎体发生窑变现象,出炉制品一经打磨去璞后即发现其真面目,并形成各种斑斓绚丽的色彩和纹理,如天蓝、古铜、虎纹、天斑、墨绿等意想不到的诸多色泽,可谓"火中求宝、难得一件,一件在手、绝无类同"。称之为"坭兴珍品",具有极高的收藏价值。
                    </p>
                    <p class="tip"><span>查看详情  >></span></p>
                </div>
            </div>
            <div class="item">
                <img src="./img/gongyi3.jpg" alt="">
                <div class="contInfo">
                    <p class="title">渡河公制作技艺</p>
                    <p class="content">
                        "渡河公"放渡的民俗源于一个美丽的传说:远古的时候,民不聊生,玉皇大帝委派一位美丽善良的仙女下凡,拯救受旱灾的黎民百姓。仙女在人间爱上了一位饱读诗书的英俊少年并与他成婚,过着幸福美满的生活。但这一行为触犯了天条,震怒的玉帝下令海龙王发威,把整片大地变成汪洋大海。一对金童玉女抱着大南瓜,浮在水面上漂流。洪灾过后,他们幸存下来,开始新的生活,并繁衍后代。
                    </p>
                    <p class="tip"><span>查看详情  >></span></p>
                </div>
            </div>
            <div class="item">
                <img src="./img/gongyi4.jpeg" alt="">
                <div class="contInfo">
                    <p class="title">点米成画</p>
                    <p class="content">
                        非物质文化遗产项目名录《点米成画》在邕宁区孟莲街已有上
```

百年历史。每年准备到七夕节，家家户户的巧手们便开始提前制作点米成画。画作的主题多以男耕女织和牛郎织女传说故事等传统文化为题材，用大米、黄小米、芝麻、麦子、高粱等蘸上各种颜色作画。展现当地村民心灵手巧，寄托了大家对家庭和睦、美好爱情的追求，以及祈求风调雨顺、五谷丰登。

```
                                    </p>
                                    <p class="tip"><span>查看详情　>></span></p>
                                </div>
                            </div>
                        </div>
                    </div>
                </div>
                <footer>
                    <p>&copy; 广西文旅网.版权所有</p>
                </footer>
            </body>
        </html>
```

(2) 新建 index.css 样式文件，为各部分内容编写对应的 CSS 样式代码，进行页面美化，代码如下所示。

```css
/* 添加 CSS 样式 */
body {
    font-family: Arial, sans-serif;
    margin: 0;
    padding: 0;
    background-color: #f7f7f7;
}

.header {
    color: #fff;
    padding: 15px;
}
.header img{
    height: 50px;
    margin-left: 8px;
}
.section {
    width: 1250px;
    background-color: #fff;
    margin: 20px auto;
    padding: 10px 20px;
    border-radius: 5px;
    box-shadow: 0 0 5px rgba(0, 0, 0, 0.1);
}

.section h2 {
    color: #333;
```

```css
}

.section img {
    max-width: 100%;
    margin-bottom: 10px;
}

.section p {
    color: #666;
}

.section .button {
    display: inline-block;
    padding: 10px 20px;
    background-color: #333;
    color: #fff;
    text-decoration: none;
    border-radius: 5px;
}

.nav {
    background-color: #94D640;
    background: linear-gradient(to right, #D74339, #FF0000);
    height: 50px;
    line-height: 50px;
    margin: 0px 20px 25px;
    box-sizing: border-box;
    display: flex;
}

.nav a {
    color: white;
    text-decoration: none;
    width: 200px;
    display: inline-block;
    text-align: center;
    border-right: 1px solid white;
}

.nav a:hover {
    background-color: #F1F1F1;
    color: #ED1F1A;
    cursor: pointer;
}

footer {
    background-color: #333;
```

```css
        color: #fff;
        padding: 10px;
        text-align: center;
    }

    .list {
        display: flex;
        flex-wrap: wrap;
        padding: 0;
        margin: 0;
    }

    .list .list-item {
        position: relative;
        width: 400px;
        margin-right: 15px;
        margin-bottom: 25px;
    }

    .list .list-item span {
        position: absolute;
        padding-left: 9px;
        padding-right: 9px;
        display: inline-block;
        height: 24px;
        line-height: 24px;
        font-size: 14px;
        color: #fff;
        text-align: center;
        border-radius: 0px 0px 5px 0px;
        background-color: #FC4273;
    }

    .list .list-item img {
        border-radius: 5px;
    }

    .list .list-item p {
        padding: 0;
        margin: 0;
        margin-bottom: 8px;
        color: #333;
        font-size: 17px;
        font-weight: bold;
    }

    .list .list-item a {
```

```css
        color: #18AEFF;
        text-decoration: none;
}

.product .list-item {
    border: 1px solid rgba(232, 232, 232, 1);
    width: 220px;
    display: flex;
    justify-content: center;
    flex-direction: column;
    transition-property: all;
    transition-duration: 0.5s;
}

.product .list-item img {
    margin: 10px;
    width: 200px;
    border-radius: 0;
}

.product .list-item p {
    height: 40px;
    display: flex;
    align-items: center;
    justify-content: center;
    color: rgba(161, 120, 80, 1);
    font-weight: normal;
    background-color: #FBF6F1;
    margin: 0;
}

.product .list-item:hover img {
    opacity: 0.8;
    transform: scale(1.05);
    transition: all .6s;
}

.art .title {
    display: flex;
    justify-content: space-between;
}

.art .title p:first-child {
    font-size: 20px;
    color: #bc1506;
    padding-bottom: 5px;
    border-bottom: 3px solid #bc1506;
```

```css
}

.art ul.tw-news {
    display: flex;
    list-style: none;
    padding-left: 20px;
}

.art .tw-news li {
    width: 281px;
    margin-right: 15px;
}

.art .tw-news a {
    overflow: hidden;
    width: 100%;
    height: 163px;
    display: inline-block;
}

.art ul img {
    width: 100%;
    height: 100%;
    transition: all 0.5s ease 0s;
}

.art ul img:hover {
    transform: scale(1.05);
}

.art .news-list {
    display: flex;
    width: 100%;
}

.art .news-list .left {
    margin-right: 25px;
}

.art .news-list>div {
    flex: 1;
}

.art .news-list .left .list {
    display: flex;
    flex-direction: column;
    color: #bc1506;
```

```css
        margin: 0 20px;
}

.art .news-list .right .list {
        display: flex;
        flex-direction: column;
        color: #bc1506;
}

.art .news-list .left .list li,
.art .news-list .right .list li {
        height: 48px;
        line-height: 48px;
        color: #bc1506;
}

.art .news-list .left .list li p,
.art .news-list .right .list li p {
        width: 82%;
        overflow: hidden;
        text-overflow: ellipsis;
        white-space: nowrap;
        float: left;
        margin: 0;
        padding: 0;
}

.art .news-list .right .list li p {
        width: 500px;
}

.art .news-list .left .list li span,
.art .news-list .right .list li span {
        float: right;
}

.traditional-craft {
        width: 1250px;
        margin: 20px auto;
        padding: 10px 20px;
        border-top: 5px solid #7f0404;
}

.traditional-craft h3 {
        font-size: 36px;
        font-family: PingFangSC-Semibold, PingFang SC;
        font-weight: 600;
```

```css
        color: #7f0404;
        text-align: center;
}

.traditional-craft .list {
    display: flex;
    flex-wrap: wrap;
    justify-content: space-between;
}

.traditional-craft .list .item {
    width:49.5%;
}
.traditional-craft img {
    height: 450px;
    width: 98%;
}
.traditional-craft .list .item .contInfo {
    width: calc(100% - 80px);
    height: 250px;
    transform: translateY(-50px);
    margin: 0 auto;
    background-color: #fff;
    box-shadow: 0 5px 10px 0 rgba(0, 0, 0, .2);
    border-radius: 4px;
}
.traditional-craft .contInfo{
    position: relative;
    cursor: pointer;
}
.traditional-craft .contInfo .tip{
    position: absolute;
    bottom:-16px;
    height: 100%;
    color: white;
    left: 0;
    right: 0;
    display: flex;
    justify-content: center;
    align-items: center;
    background-color: rgba(0, 0, 0, 0.6);
    opacity: 0;
    transition: opacity 0.5s ease-in-out;
    border-radius: 4px;
}
.traditional-craft .contInfo:hover .tip{
    opacity: 1;
```

```css
}
.traditional-craft .contInfo:hover .tip span{
    opacity: 1;
    animation: rotate 1s 1;
}
@keyframes rotate{
    0%{
        transform: rotate(0deg);
    }
    100%{
        transform: rotate(360deg);
    }
}
.traditional-craft .list .item .contInfo .title {
    font-size: 36px;
    font-family: PingFangSC-Semibold, PingFang SC;
    font-weight: 600;
    color: #7f0404;
    padding: 30px 30px 20px 30px;
    margin: 0;
    overflow: hidden;
    text-overflow: ellipsis;
    white-space: nowrap;
}

.traditional-craft .list .item .contInfo .content {
    font-size: 14px;
    font-family: PingFangSC-Regular, PingFang SC;
    font-weight: 400;
    color: #666;
    padding: 0 30px;
    line-height: 24px;
    text-indent: 2em;
    overflow: hidden;
    text-overflow: ellipsis;
    display: -webkit-box;
    -webkit-line-clamp: 4;
    -webkit-box-orient: vertical;
    height: 96px;
}
```

(3) 在 index.html 页面正确引入 index.css 样式文件，代码如下所示。

```html
<link rel="stylesheet" href="./css/index.css">
```

(4) 在谷歌浏览器中预览,效果如图 8-5 所示。

图 8-5 广西文旅网站最终效果图

图 8-5　广西文旅网站最终效果图(续图)

PJ08 评分表

序号	考核模块	配分	评分标准
1	掌握网站开发的具体流程	50 分	1. 正确划分网站的页面结构(25 分) 2. 正确搭建网页的整体框架(25 分)
2	正确使用 DIV 和样式表进行页面布局	40 分	1. 正确填充网站的 logo 和头部导航部分的内容(10 分) 2. 正确填充网站的名优特产和名胜古迹部分的内容(15 分) 3. 正确填充网站的文学艺术和传统工艺部分的内容(15 分)
3	编码规范	10 分	文件名、标签名、缩进等符合编码规范(10 分)

工单评价

任务名称	PJ08. 广西文旅网站的制作与整合				
工号		姓名		日期	
设备配置		实训室		成绩	
工单任务	1. 掌握开发网站的具体流程。 2. 使用 DIV 和样式表进行页面布局。				
任务目标	1. 对网站进行页面结构分析和整体框架搭建。 2. 进行合理的页面布局和样式美化。				

任务编号	开始时间	完成时间	工作日志	完成情况
PJ08				

学生自我评价：
请根据任务完成情况进行自我评估，并提出改进方法。
技术方面

素养方面

教师评价：
1. 对学生的任务完成情况进行点评。

2. 学生本次任务的成绩。